Veröffentlichungen des Instituts
für deutsches und europäisches Wirtschafts-,
Wettbewerbs- und Regulierungsrecht
der Freien Universität Berlin

Herausgegeben von Franz Jürgen Säcker

Band 35

PL ACADEMIC RESEARCH

Gisela Drozella / Harald Krebs

Marktbeherrschung im Bereich Stromerzeugung/ Stromgroßhandel

Eine kritische Analyse
der neueren Sicht des Bundeskartellamts

PL ACADEMIC RESEARCH

Bibliografische Information der Deutschen Nationalbibliothek
Die Deutsche Nationalbibliothek verzeichnet diese Publikation in der
Deutschen Nationalbibliografie; detaillierte bibliografische
Daten sind im Internet über http://dnb.d-nb.de abrufbar.

ISSN 1863-494X
ISBN 978-3-631-62887-4
© Peter Lang GmbH
Internationaler Verlag der Wissenschaften
Frankfurt am Main 2013
Alle Rechte vorbehalten.
PL Academic Research ist ein Imprint der Peter Lang GmbH

www.peterlang.de

Inhalt

A. Einleitung

Das Bundeskartellamt (BKartA) blendet bei der Abgrenzung des sachlich relevanten Marktes nach wie vor den größten Teil der auf Großhandelsebene stattfindenden physischen Stromgeschäfte aus. Ihren Anfang nahm diese Entwicklung im Rahmen des „E.ON Mitte/Stadtwerke Eschwege"-Beschwerdeverfahrens mit der Abgrenzung eines – sog. reine Handelsgeschäfte – nicht erfassenden Erstabsatzmarktes.[1] Die sachliche Marktabgrenzung im Strombereich wurde erstmals maßgeblich auf eine physikalisch-technische Betrachtung des Marktgeschehens gestützt. Diese Sichtweise des Amtes, der das OLG Düsseldorf und der BGH folgten, bildet bis heute die maßgebliche argumentative Grundlage der Marktabgrenzung. Das (vorläufige?) Ende dieser Entwicklung bildet der Beschluss des BKartA vom 8. Dezember 2011 in der Sache „RWE/Stadtwerke Unna"[2] mit der Annahme, Regelenergie und EEG-Strom seien nicht Teil des Erstabsatzmarktes. Dazwischen liegt die Sektoruntersuchung des BKartA, deren Ergebnisse in dem im Januar 2011 veröffentlichten 304 Seiten umfassenden Bericht „Sektoruntersuchung Stromerzeugung / Stromgroßhandel" (im Folgenden: „Bericht") veröffentlicht wurden.[3] In diesem erläutert das Amt ausführlich, weshalb im Grundsatz an dem vom OLG Düsseldorf und vom BGH gebilligten Erstabsatzmarktkonzept festzuhalten sei, es jedoch gleichwohl zukünftig Regelenergie und EEG-Strom nicht als Teil des Erstabsatzmarktes ansehen werde. Diese Ausführungen bilden die Grundlage für die in der „RWE/Stadtwerke Unna"-Entscheidung rezipierte Marktabgrenzung.

Die Abwendung von der Maßgeblichkeit der tatsächlich feststellbaren Lieferbeziehungen und ihren vertraglichen Grundlagen hin zur Maßgeblichkeit einer physikalisch-technischen Betrachtung des Stromliefergeschehens verwunderte bereits im Rahmen des „E.ON/Eschwege"-Verfahrens[4], erfolgte sie doch zu einem Zeitpunkt, in dem in Umsetzung der gemeinschaftsrechtlichen Liberalisie-

---

1   BKartA, Die Strommärkte in Deutschland 2003 und 2004, Erhebung des Bundeskartellamts im Zusammenhang mit dem Beschwerdeverfahren E.ON Mitte/Stadtwerke Eschwege (B8-21/03 - B.), abgedruckt in ZNER 2008, 345ff., bestätigt durch OLG Düsseldorf, Beschl. v. 6.6.2007, Az. VI-2 KartA 7/04 (V); BGH, Beschl. v. 11.11.2008, Az. KVR 60/07.

2   BKartA, Beschl. v. 8.12.2011, Az. B8-94/11. http://www.bundeskartellamt.de/wDeutsch/aktuelles/2012_01_11_FusionskontrolleW3DnavidW261.php

3   BKartA, Bericht gemäß § 32e Abs. 3 GWB, „Sektoruntersuchung Stromerzeugung/Stromgroßhandel", Januar 2011, http://www.bundeskartellamt.de/wDeutsch/download/pdf/Stellungnahmen/110113_Bericht_SU_Strom_2_.pdf.

4   Kritisch bereits *Metzenthin*, in FS Kühne, S. 207 ff.

rungsvorgaben[5] die Marktrollen neu definiert und das transaktionsunabhängige Netzzugangskonzept auch gesetzlich verankert worden war. Jedenfalls auf der Grundlage des im Rahmen der Sektoruntersuchung gewonnenen vertieften Verständnisses der Funktionsweise des Stromgroßhandels[6] wäre zu erwarten gewesen, dass sich das Amt kritisch mit den dem Erstabsatzmarkt i. S. d. „E.ON/Eschwege"-Rechtsprechung zu Grunde liegenden – die rechtlichen Rahmenbedingungen ausblendenden – Prämissen auseinandersetzt. Bereits die offensichtlichen Widersprüche zwischen diesen Prämissen und bestimmten im Bericht getroffenen neueren Feststellungen zum Marktgeschehen hätten i. S. einer Ursachenforschung eine dezidierte(re) Auseinandersetzung mit den rechtlichen Rahmenbedingungen des Stromgroßhandels nahe gelegt. Auch eine Auseinandersetzung mit der jüngeren Kommissionspraxis zu anderen Elektrizitätsmärkten[7] hätte die offensichtlichen Schwächen der Abgrenzung zwischen den dem Erstabsatzmarkt zuzurechnenden sog. „körperlichen Strommengen" und den „reinen Handelsgeschäften" aufzudecken geholfen. Die Auseinandersetzung mit den das Erstabsatzmarktkonzept infrage stellenden Fakten ist jedoch ausgeblieben. Symptomatisch hierfür ist, dass das das Netzzugangssystem tragende Bilanzkreissystem auch zehn Jahre nach seiner Einführung in Deutschland in der Marktabgrenzungspraxis des BKartA keine Erwähnung, geschweige denn Berücksichtigung findet.[8] Eine neue Bewertung des Marktgeschehens anhand der normativen Grundlagen des Stromgroßhandelsmarktes hat – unter Inkaufnahme eines offensichtlichen Widerspruchs zu den Grundprämissen des Erstabsatzmarktes i. S. d. „E.ON-Eschwege"-Rechtsprechung – lediglich bei der weiteren Verengung des Erstabsatzmarktes durch Ausschluss der Regelenergie und der sog. EEG-Strommengen stattgefunden.

Der erste Schwerpunkt der vorliegenden Untersuchung ist daher, ausgehend vom Bericht und unter Berücksichtigung des „RWE/Stadtwerke Unna"-Be-

---

5 Vgl. insb. Richtlinie 2003/54/EG.

6 Ausweislich des Statements des Präsidenten des BKartA zur Pressekonferenz zum Thema „Ergebnisse der Sektoruntersuchung Stromgroßhandel" am 13. Januar 2011 war „das Verständnis der sehr komplexen Funktionsweise der Märkte zu vertiefen", eines der Ziele der Sektoruntersuchung.

7 Vgl. z. B. Kommission, Entsch. v. 14.11.2006, COMP/M. 4180, Tz. 673 ff., 677 ff. *„GDF/Suez"* (ausf. Definition im Hinblick auf die Unterscheidung zwischen physischem und finanziellem Stromhandel); Entsch. v. 22.12.2008, COMP/M. 5224, Rn. 17 ff. *„EDF/British Energy"*; Entsch. v. 12.11.2009, COMP/M. 5549, Tz. 15 ff. *„EDF/Segebel"*.

8 Auch im Bericht findet sich an keiner Stelle eine zusammenhängende Darstellung des Bilanzkreissystems. Sofern der Begriff „Bilanzkreis" bzw. „Bilanzkreisverantwortlicher" Erwähnung findet, geschieht dies eher am Rande und nur im Zusammenhang mit speziellen Fragestellungen / Konstellationen, vgl. BKartA, Bericht S. 55 (Kosten der Regelarbeit), S. 62, 291 (Einsatz von Reservekraftwerken, Reserveenergie), S. 158, 253 (EEG-Bilanzkreis), S. 190 (Begründung einer Risikoausfallprämie).

schlusses, die Diskrepanz zwischen dem der Marktabgrenzung zugrunde gelegten fiktiven Marktgeschehen und dem realen, die tatsächlichen Wettbewerbsverhältnisse abbildenden Marktgeschehen aufzudecken und die Folgen für die Marktabgrenzung darzulegen.

Der zweite Schwerpunkt liegt auf der im Bericht erstmals dargestellten, in der „RWE/Stadtwerke Unna"-Enscheidung – trotz fehlender Entscheidungsrelevanz – noch einmal zusammengefasst dargestellten Rechtsfigur der Einzelmarktbeherrschung durch mehrere Unternehmen im Wege der Anwendung eines ökonometrischen Instruments. Dieses Instrument bildet der sog. Residual Supply Index (RSI). Mit der Anwendung des RSI folgt das Amt dem Grundsatz nach einem Vorschlag der Monopolkommission, welche in ihrem 54. Sondergutachten die überwiegende Betrachtung von Marktanteilsverhältnissen für unbefriedigend erklärte und dem BKartA die *zusätzliche* Betrachtung der RSI der Erzeuger vorgeschlagen hatte.[9] Die Monopolkommission hatte jedoch weder konkrete Hinweise zu einem entsprechenden Vorgehen gegeben noch hatte sie sich mit der Frage auseinandergesetzt, ob bzw. wie sich dieser neue Marktkonzentrationsmaßstab in die Rechtsprechung zum normativen Begriff der Marktbeherrschung einbetten lässt. Der insoweit vom Amt eingeschlagene Weg ist kritisch zu hinterfragen.

Neuerliche Aktualität erhielt das Thema durch den Gesetzentwurf der Bundesregierung zur Einführung der im Bericht geforderten Markttransparenzstelle.[10] Danach soll diese beim BKartA angesiedelt sein und kontinuierlich Daten über alle nennenswerten Stromerzeugungsanlagen in Deutschland gewinnen, die zur RSI-Berechnung geeignet wären. Es liegt somit nahe, dass das BKartA sich in Zukunft sowohl bei der Fusionskontrolle als auch bei der Missbrauchsaufsicht auf den RSI stützen will.

---

9 *Monopolkommission*, Sondergutachten 54, Strom und Gas 2009 – Energiemärkte im Spannungsfeld von Politik und Wettbewerb, S. 65, Hervorhebung durch d. Verf.
10 Bundestag-Drucksache 17/10060 v. 21.6.2012.

B. Sachliche Marktabgrenzung: der sog. Erstabsatzmarkt i. S. d. „E.ON/Eschwege"-Rechtsprechung

Zur Abgrenzung des sachlich relevanten Marktes wendet das BKartA ein modifiziertes Bedarfsmarktkonzept an. Danach umfasst der relevante Markt den „erstmaligen Absatz aller Elektrizitätsversorger aus eigener Erzeugung sowie die Netto-Importe von Elektrizität". Nicht in diesen Markt einzubeziehen sei das „sich daran anschließende Zweitgeschäft der Marktteilnehmer mit Elektrizität". Für den Erstabsatzmarkt komme es darauf an, „welche Strommengen *physisch angeboten* werden." Dabei seien „die *tatsächlich erzeugten Elektrizitätsmengen* der Anbieter" maßgeblich.[11] „Reine Handelsgeschäfte mit Elektrizität, die sich alleine auf die *Weiterverwertung von Stromabsatzrechten* beziehen"[12], seien demgegenüber innerhalb des Erstabsatzmarktes für Strom nicht zu berücksichtigen, da andernfalls eine Mehrfachzählung der Strommengen erfolgen würde, die „oft mehrfach innerhalb eines Zeitabschnitts gehandelt" würden.[13] Die Herausnahme der Handelsgeschäfte sei durch den Zweck der Marktabgrenzung geboten, diejenigen Wettbewerbskräfte zu ermitteln, denen sich die Unternehmen zu stellen haben. Dass nur der Erstabsatzmarkt „die tatsächlich aktiven Wettbewerbskräfte auf der Erzeuger*stufe*"[14] widerspiegele, begründet das Amt zum einen mit dem Umstand, dass die „auf der Erzeugungsebene produzierte Elektrizität [...] zwecks Erhaltung der Netzstabilität zu jedem Zeitpunkt – abgesehen von systembedingten Verlusten – identisch mit den auf der Endkundenstufe in der Summe nachgefragten Elektrizitätsmengen sein" müsse.[15] Als zweites Argument führt es an, dass aufgrund der derzeit sehr begrenzten Speicherbarkeit von Strom die „Steuerung der an Letztverbraucher gelieferten Elektrizitätsmenge [...] im Wesentlichen über die entsprechende Steuerung der Erzeugungs*menge* durch Zu- und Abschalten von Kraftwerken auf der Erzeugungsstufe"[16], erfolge. Auch sei

---

11   BKartA, Bericht S. 69, Hervorhebungen durch d. Verf.; BKartA, Beschl. v. 8.12.2011, Az. B8-94/11, Tz. 27 *„RWE/Stadtwerke Unna"* spricht insoweit von der Maßgeblichkeit der „Strommengen (...), die physisch erzeugt werden".

12   BKartA, Bericht S. 70, Hervorhebungen durch d. Verf.; BKartA, Beschl. v. 8.12.2012, Az. B8-94/11, Tz. 28 *„RWE/Stadtwerke Unna"* spricht insoweit von der „*Weiterverwertung von Stromkontrakten"*, Hervorhebung durch d. Verf.

13   BKartA, Bericht S. 70, Hervorhebungen durch d. Verf.

14   BKartA, Bericht S. 70, Hervorhebungen durch d. Verf.

15   BKartA, Bericht S. 70; BKartA, Beschl. v. 8.12.2011, Az. B8-94/11, Tz. 28 *„RWE/Stadtwerke Unna".*

16   BKartA, Bericht S. 70; BKartA, Beschl. v. 8.12.2011, Az. B8-94/11, Tz. 28 *„RWE/Stadtwerke Unna".*

diese Sichtweise vom OLG Düsseldorf und nachfolgend vom BGH im „Eschwege"-Fall bestätigt worden.[17]

Anders als vom Amt angenommen, spiegelt der „Markt für den Erstabsatz von Elektrizität" nicht die Wettbewerbskräfte wider, denen die Erzeuger unterliegen. Die Beschreibung des Marktgeschehens durch das Amt und die darauf fußende Abgrenzung des relevanten Marktes basiert ganz wesentlich auf einer physikalisch-technischen Betrachtung der Ware Strom (s. hierzu B.I). Damit kann das Amt zwangsläufig das Marktgeschehen nur unvollständig erfassen, da die wettbewerblichen Wirkungen durch diese Betrachtung ausgeblendet werden. Wird allein auf die Physik abgestellt, spielen per se Marktkräfte, die Rückwirkungen auf die tatsächliche Erzeugung haben, keine Rolle.[18] Im Rahmen der Marktabgrenzung zu ermittelnde Wettbewerbskräfte werden „wegdefiniert". Die zur Abgrenzung bemühten rechtlichen Konstruktionen (s. hierzu B.II) bilden die tatsächliche Vertragspraxis im Strommarkt (s. hierzu B.III) nicht ab. Eine der wesentlichen Ursachen für die fehlgehende Marktabgrenzung liegt damit in der Ausblendung der rechtlichen und ökonomischen Realität des Marktgeschehens (s. hierzu zusammenfassend B.IV). Auch die Berufung des Amtes auf die „Eschwege"-Entscheidungen des OLG Düsseldorf und des BGH überzeugt nicht. Eine genaue Analyse dieser Entscheidungen zeigt, dass bei Zugrundelegen der heutigen Marktgegebenheiten die Entscheidungen gegen und nicht für den sog. Erstabsatzmarkt sprechen (s. hierzu B.V).

I. Die physikalisch-technische Sichtweise des Amtes

Die Marktabgrenzung des BKartA beruht auf einer physikalisch-technischen Betrachtung des Marktgeschehens. Das Amt schließt aus den physikalischen Besonderheiten der Ware Strom auf das rechtlich-ökonomisch geprägte Marktgeschehen und damit letztlich auf die im Rahmen der Marktabgrenzung zu ermittelnden Wettbewerbskräfte.[19] Die diesbezüglichen aus der Leitungsgebundenheit der Stromversorgung und der mangelnden bzw. nur sehr eingeschränkten Lager- bzw. Speicherbarkeit von Strom gezogenen Schlussfolgerungen sind jedoch schlicht falsch. Dass das Amt im Rahmen der Marktabgrenzung auch nach der Sektoruntersuchung daran festhält, verwundert insbesondere vor dem Hin-

---

17 BKartA, Bericht S. 70.
18 Anders beim Regelenergiemarkt, welcher aber nach Auffassung des Amts nicht Teil des Erstabsatzmarktes ist (vgl. hierzu BKartA, Bericht S. 71 ff.).
19 So nunmehr explizit BKartA im Beschl. v. 08.12.2011, Az. B8-94/11, Tz. 25 „RWE/Stadtwerke Unna": „Von zentraler Bedeutung für das wirtschaftliche Geschehen und die wettbewerbliche Beurteilung ist die Nicht-Speicherbarkeit von Strom."

tergrund, dass die die Marktabgrenzung tragenden Annahmen im Bericht selbst widerlegt werden.

So wird aus der jedenfalls im Ergebnis physikalisch richtigen Feststellung, dass ein „Auseinanderfallen von Erzeugung und Verbrauch [...] die Netzinstabilität zur Folge haben kann", fälschlicherweise geschlossen, dass die „physikalischen Eigenschaften der Ware Strom [dazu] führen [...], dass sich Angebot und Nachfrage zu jeder Zeit exakt entsprechen müssen."[20] Diese Gleichsetzung der physikalisch-technischen Größen „Erzeugung" und „Verbrauch" mit den ökonomisch-rechtlichen Kategorien „Angebot" und „Nachfrage" zieht sich wie ein roter Faden durch die Beschreibung des Strommarktes. Auf ihr beruht im Ergebnis auch die Fehlvorstellung, dass die Homogenität des Gutes Strom die Annahme erlaube, dass „der zu einem bestimmten Zeitpunkt erzeugte und verbrauchte Strom einen einheitlichen Preis hat."[21] Zwar ist richtig, dass aus Gründen der Netzstabilität die an physischen Einspeisepunkten in das Netz eingespeiste Wirkleistung zu jedem Zeitpunkt mit dem Verbrauch, d. h. mit der von den Letztverbrauchern und Speichern an physischen Entnahmepunkten entnommenen Leistung, identisch sein muss. Die Schlussfolgerung, dass Einspeisung und Entnahme identisch mit Angebot und Nachfrage, d. h. dem preisbildenden Moment des Liefervertrags, sind, ist jedoch falsch. Dies wird vom Amt an anderer Stelle implizit anerkannt. Die Ausführungen zur Kraftwerkseinsatzoptimierung[22] bedeuten nichts anderes als die Anerkennung der Tatsache, dass Angebot und Nachfrage nicht mit Erzeugung und Verbrauch gleichgesetzt werden können. Es liegt im Übrigen auf der Hand, dass nicht alle Lieferverträge mit Endkunden in Deutschland gleiche Preise aufweisen. Der Strompreis ist das wesentliche Wettbewerbsinstrument der Vertriebe, gerade wegen der Austauschbarkeit der physikalisch einheitlichen Elektroenergie. Richtig wäre die ganz andere Aussage, dass wegen der Homogenität der in einem bestimmten Zeitpunkt auf einem bestimmten Markt gehandelte Strom einen einheitlichen Preis hat.

Die vom Amt aus dem Umstand der relativ starken Schwankungen der Netzlast – gleichermaßen marktrelevant sind mittlerweile die Schwankungen der EEG-Einspeisungen – und der kurzfristig in hohem Maße preisunelastischen Nachfrage gezogene Schlussfolgerung, „dass die Laststeuerung im Wesentlichen angebotsseitig über den gezielten Einsatz von Kraftwerkskapazitäten erfolgt, indem der jeweiligen Situation entsprechend Kraftwerke zu- oder abgeschaltet bzw.

---

20 BKartA, Bericht S. 39.
21 BKartA, Bericht S. 47.
22 Vgl. z. B. BKartA, Bericht S. 59 ff; S. 60: „So wird beispielsweise ein Kraftwerksbetreiber auch bei langfristigen Lieferverpflichtungen ein eigenes Kraftwerk nicht zur Erfüllung dieser Verpflichtungen einsetzen, sofern er in der Lage ist, die Lieferverpflichtung durch ein Handelsgeschäft an der Börse günstiger zu erfüllen als es mit dem eigenen Kraftwerk der Fall ist."

in ihrer Leistung angepasst werden"[23], ist gleich in mehrfacher Hinsicht falsch. Die Last, d. h. der Verbrauch, wird – von dem Sonderfall der vom Übertragungsnetzbetreiber (ÜNB) im Notfall zu ergreifenden Maßnahmen des Lastabwurfs nach § 13 EnWG abgesehen – allein durch die Endkunden bestimmt. Soweit mit „Laststeuerung" die Anpassung von physischen Einspeisungen und Entnahmen gemeint sein sollte, spiegelt die Betrachtung des Amtes – wie es an anderer Stelle selbst einräumt[24] – allenfalls die Situation vor 1998 bzw. zu Beginn der Liberalisierung wider. In Zeiten fehlenden bzw. noch wenig entwickelten Wettbewerbs waren Erzeugung und netztechnische Sicherstellung der Systemstabilität eng miteinander gekoppelt. Faktisch fuhren die beide Tätigkeiten zugleich ausübenden sog. Verbundunternehmen damals die Last (den Verbrauch) in ihrer Regelzone mit ihren Kraftwerken nach. Rechnete der zum Übertragungsnetz gehörende „Lastverteiler" ungeachtet der automatischen Leistungs-Frequenz-Regelung damit, dass der Bedarf stieg, wurden eigene Kraftwerke bzw. vertragliche gebundene Kraftwerkskapazitäten hochgefahren bzw. im umgekehrten Fall heruntergefahren. Heute obliegt die Aufgabe, das physikalisch notwendige Gleichgewicht zwischen Einspeisungen und Entnahmen herzustellen, allerdings den von den Wettbewerbsbereichen entflochtenen ÜNB in ihrer Funktion als Regelverantwortliche. In dieser Funktion sind sie für den Ausgleich der physikalisch-technischen Leistungsbilanz in Echtzeit mittels von Dritten speziell kontrahierter Regelenergie verantwortlich.[25] Auch dies führt das Amt an anderer Stelle aus.[26] Die beim Abruf positiver Regelenergie abgerufene Leistung des Erzeugers, d. h. die eingespeiste positive Regelenergie, hat jedoch – wie das Amt an anderer Stelle zu Recht ausführt[27] – nichts mit den für den Erstabsatzmarkt bzw. Großhandelsmarkt relevanten Strommengen zu tun.

Die Physik bestimmt nicht mehr und nicht weniger als Folgendes: Für einen stabilen Netzbetrieb muss in jedem Augenblick die Summe aller Einspeisungen gleich der Summe aller Entnahmen (einschließlich der Netzverluste) sein. Die Physik bestimmt ferner, wie sich die Energieflüsse zwischen den Einspeisungen und den Entnahmen (und die Netzverluste) auf die Leitungen und anderen Betriebsmittel im Netz verteilen. Die physikalisch bedingten Energieflüsse besagen

---

23 BKartA, Bericht S. 39.
24 BKartA, Bericht S. 55: „Vor Beginn der Liberalisierung erfolgte die Stromerzeugung im Wesentlichen durch eine reine Laststeuerung der zur Verfügung stehenden Erzeugungskapazitäten. Vorrangige Aufgabe der Erzeuger war es, die erzeugte Leistung dem jeweils aktuellen Stromverbrauch anzupassen. Im Rahmen der Liberalisierung des Strommarktes erfolgte eine Umstellung des Kraftwerkseinsatzes auf eine stärker am Marktpreis orientierte Kraftwerkseinsatzsteuerung."
25 Vgl. BerlKommEnR/*Bartsch/Pohlmann*, Anh. A § 24 EnWG, § 4 StromNZV Rn. 4.
26 BKartA, Bericht S. 53.
27 BKartA, Bericht S. 71 ff.

16

in einem liberalisierten Markt nichts darüber, wer an wen wieviel elektrische Energie zu welchen Preisen liefert und welche Geschäfte (Verträge) wer mit wem wann über wieviel elektrische Energie zu welchen Preisen abgeschlossen hat. Die Energieflüsse besagen also nichts über das Marktgeschehen.

Das Marktgeschehen umfasst eine Vielzahl von einzelnen Geschäften (Verträgen) über physische Stromlieferungen mit jeweiligen Preisen, die im Zeitraum mehrere Jahre bis kurz vor der tatsächlichen Lieferung zwischen einer Vielzahl von Marktteilnehmern vereinbart werden. Alle Marktteilnehmer, die physische Lieferungen abwickeln, müssen dazu über Bilanzkreise verfügen, die alle ihre Geschäfte – das Marktgeschehen – mittels Fahrplänen volumenmäßig virtuell abbilden. Die Summe der Einspeisungen und Entnahmen (i. S. v. § 4 Abs. 2 S. 2 StromNZV) aller Bilanzkreise für jeden Zeitpunkt ergibt das physikalische Geschehen aller Einspeisungen und Entnahmen im Gebiet des Bilanzkreiskoordinators (ÜNB)[28] (zu den Einzelheiten s. B.III). Mithin ist das physikalische Geschehen Ergebnis des vorangegangenen Marktgeschehens. In einem liberalisierten Markt lässt das physikalische Geschehen keine Rückschlüsse auf das Marktgeschehen zu. Vielmehr kann jedes physikalische Geschehen das Ergebnis beliebig vieler Kombinationen von verschiedenen Geschäften sein. Der Versuch des Amtes, das komplexe Geschehen im Strommarkt mittels der physikalisch beobachtbaren Stromflüsse in den Netzen, i. S. v. Einspeisung am Einspeisepunkt und Entnahme am Entnahmepunkt, zu erklären, ist daher zum Scheitern verurteilt.

Die die Marktabgrenzung tragenden Annahmen über das Marktgeschehen entsprechen nicht der ökonomisch-rechtlichen Realität. Da Letztere – und nicht physikalische Stromflüsse – die tatsächlichen Wettbewerbskräfte determiniert, ist die Marktabgrenzung zwangsläufig fehlerhaft.

II. Vermischung physikalischer und vertraglicher Aspekte – Versuch einer rechtlichen Einordnung

Das Amt, aber auch das OLG Düsseldorf und der BGH, tun sich offensichtlich mit der fehlenden Gegenständlichkeit der Ware Strom schwer. Symptomatisch hierfür ist die Aussage des BGH, wonach entscheidendes Abgrenzungskriterium zwischen relevantem Erstabsatz und irrelevantem Zweitgeschäft sei, ob „die gekauften Strommengen auch ‚körperlich' in Form von Netzspannung geliefert werden müssen"[29]. Ebenso symptomatisch ist die ständig wechselnde Kenn-

---

28 Zur Vereinfachung ist hier der physikalisch wirksame Regelenergieabruf durch die ÜNB vernachlässigt.

29 BGH, Beschl. v. 11.11.2008, Az. KVR 60/07, Tz. 22 *„E.ON/Stadtwerke Eschwege"*.

zeichnung der reinen Handelsgeschäfte durch das Amt. Während es in früheren Entscheidungen von der „Weiterverwertung von Strom*bezugs*rechten" spricht,[30] geht es im Bericht davon aus, dass es sich um die „Weiterverwertung von Strom-*absatz*rechten"[31] handelt, um schließlich in der „RWE/Stadtwerke Unna"-Entscheidung von der „Weiterverwertung von *Stromkontrakten*" auszugehen.[32] Die Fokussierung auf die physikalischen Gegebenheiten, insbesondere auch der Umstand, dass Strom erst mit Einspeisung von elektrischer Energie in das Netz „vorhanden" ist, verstellt offensichtlich den Blick auf die Einordnung der physischen Stromlieferung und damit auch des physischen Stromhandels in zivilrechtliche Kategorien.[33]

Angesichts des Umstands, dass Stromlieferverträge seit über 100 Jahren als nach den Regeln des Sachkaufes zu behandelnde Kaufverträge i. S. d. § 433 Abs. 1 S. 1 BGB angesehen werden[34] und dies durch den durch das Gesetz zur Modernisierung des Schuldrechts vom 26. November 2001 eingeführten § 453 BGB bestätigt wird[35], hätte es nahe gelegen, sowohl das (angeblich allein relevante) Erst- als auch das (angeblich irrelevante) Zweitgeschäft als Stromliefervertrag anzusehen.[36] Alleiniges Abgrenzungskriterium wäre dann, wie auch die Unterscheidung zwischen „erstmaligem Absatz" und „nachfolgendem Zweitgeschäft" suggeriert, ein zeitliches Moment. Der erstmalige Absatz wäre dann im Sinne des erstmaligen Inverkehrbringens zu verstehen. Das ist letztlich, wie noch zu zeigen ist (s. hierzu B.V.4)), der hinter der Abgrenzung stehende, dem klassischen Vertriebssystem entlehnte Gedanke. Allerdings legt die Konkretisierung von „Erstabsatz" bzw. „Zweitgeschäft" den Schluss nahe, dass das Amt heute noch – wie schon der BGH im „Eschwege"-Fall von 2003 – davon ausgeht, dass sich Erst- und Zweitgeschäft anhand ihres Vertragsinhalts, konkret ihres Vertragsgegenstandes, abgrenzen lassen.

Auffällig ist zunächst, dass das Amt nicht – was im Hinblick auf das sog. „Zweitgeschäft" konsequent wäre – vom Erstgeschäft, sondern vom erstmaligen „Absatz" spricht. Dieser erfasse die „physisch angebotenen"[37] Strommengen. Dies seien die „tatsächlich erzeugten", d. h. eingespeisten, Strommengen. Die zivilrechtliche Kategorisierung des erstmaligen Absatzes bleibt jedoch völlig

---

30 BKartA, Beschl. v. 12.3.2007, Az. B8-40000-V-62/06, S. 27 des Umdrucks, „*RWE/Saar Ferngas*", Hervorhebung durch d. Verf.
31 BKartA, Bericht, S. 70, Hervorhebung durch d. Verf.
32 BKartA, Beschl. v. 8.12.2011, Az. B8-94/11, Tz. 28.
33 Vgl. hierzu *Metzenthin*, in FS Kühne, S. 207, 215 ff.
34 Vgl. RGZ, 86, 14; BGHZ 59, 303.
35 Zur Einordnung von Strom als sonstigen Gegenstand i. S. v. § 453 BGB s. Palandt/*Weidenkaff*, § 453 Rn. 5 f.
36 *Metzenthin*, in FS Kühne, S. 207, 217.
37 BKartA, Bericht S. 69.

im Dunkeln. Insoweit können nur Mutmaßungen angestellt werden. Der Begriff „Absatz" deutet nach allgemeinem Sprachverständnis darauf hin, dass es um den Verkauf des sonstigen Gegenstandes (vgl. § 433 Abs. 1 S. 1 i. V. m. § 453 Abs. 1 BGB) Strom geht. Der Verkäufer (Erzeuger) wäre somit verpflichtet, dem Käufer den sonstigen Gegenstand (Strom) zu übergeben und das Eigentum an diesem zu verschaffen. Die Formulierung „physisch angeboten" könnte darauf hindeuten, dass die notwendige Unterscheidung am Vertragsgegenstand festzumachen ist. Letztendlich wird wohl, worauf auch die Ausführungen des BGH, wonach maßgebliches Abgrenzungskriterium sei, ob gekaufte „Strommengen auch ‚körperlich' in Form von Netzspannung geliefert werden müssen"[38] aus der physikalisch feststellbaren – als Erfüllungshandlung angesehenen – Einspeisung auf den Vertragsgegenstand und damit den Inhalt der Hauptleistungspflicht geschlossen. Erfüllungsort des Erstabsatzgeschäfts wäre demnach die physische Einspeisestelle in das Netz.

Da eine so definierte Hauptleistungspflicht tatsächlich nur vom Erzeuger erfüllt werden kann, tut sich das Amt bei der Definition der auszublendenden Zweitgeschäfte naturgemäß schwer. Da einmal erzeugter Strom nicht, oder nur in sehr eingeschränktem Maße, speicherbar ist, kann es physikalisch betrachtet nur einen einzigen Absatz in diesem Sinne geben. Ist das maßgebliche Kriterium die tatsächliche Erzeugung, so gibt es per Definition kein sich anschließendes Zweitgeschäft mit gleichem Inhalt. Allerdings bleibt bei dieser Betrachtung zunächst völlig unklar, wie der Vertragsgegenstand „nicht-physischer Strom" definiert sein soll, was erklären mag, warum in der Literatur z. T. – ohne diese jedoch zu definieren – die tatsächlich nicht existente Kategorie des „virtuellen Stromhandels" in Abgrenzung zum physischen Stromhandel kreiert wurde.[39]

In früheren Entscheidungen definierte das Amt die sich an den Erstabsatz anschließenden Zweitgeschäfte als „reine Handelsgeschäfte", die sich alleine auf den Handel mit „Strom*bezugs*rechten" beziehen.[40] Im Bericht wurden sie als solche qualifiziert, die sich alleine auf die „Weiterverwertung von Strom*absatz*rechten"[41] beziehen, in der „RWE/Stadtwerke Unna"-Entscheidung als solche, die sich alleine

---

38   BGH, Beschl. v. 11.11.2008, Az. KVR 60/07, Tz. 22, *„E.ON/Stadtwerke Eschwege"*.
39   Vgl. z. B. *Säcke*r, ET 2011, 74, 75.
40   Vgl. z. B. BKartA, Beschl. v. 12.3.2007, Az. B8 - 40000 - U - 62/06 S. 27 des Umdrucks *„RWE/ Saar Ferngas"*: „Vielmehr werden Strombezugsrechte gehandelt, die über einen bestimmten in der Zukunft liegenden Zeitraum hinweg zu einer spezifizierten Entnahme von Strom aus dem Netz berechtigen und den Veräußerer dieses Rechts verpflichten, in diesem Zeitraum, die entsprechende Strommenge dem Netz zur Verfügung zu stellen. Somit ist der allgemein gebräuchliche Begriff der Stromlieferung technisch nicht ganz korrekt, aber soll im folgenden im Sinne eines entsprechenden Strombezugsrechts benutzt werden."
41   BKartA, Bericht S. 70.

auf die „Weiterverwertung von Strom*kontrakten*" beziehen.[42] Die zivilrechtliche Einordnung dieser Geschäfte bleibt jedoch im einen wie im anderen Fall im Dunkeln. Der Versuch einer solchen muss am Inhalt des Erstgeschäfts anknüpfen. Der Kaufvertrag zwischen Erzeuger (Erstverkäufer) und dem „Erstkäufer" begründet die Forderung des „Erstkäufers", im Erfüllungszeitpunkt vom Erzeuger die Lieferung, *d. h. in oben genannter Logik die Einspeisung,* der im Kaufvertrag bestimmten Leistung zu erhalten. Dies zugrunde gelegt, kann der Erstkäufer im Rahmen eines Zweitgeschäfts nur diese durch Stromeinspeisung zu erfüllende Forderung „weiterverwerten", also verkaufen. Konsequenterweise kann es sich beim Zweitgeschäft nur um einen Rechtskauf handeln. Der „Erstkäufer" verpflichtet sich in diesem, dem „Zweitkäufer" seine Forderung aus dem „Erstvertrag" abzutreten. Diese Forderung ist in dem im „Erstvertrag" vereinbarten Erfüllungszeitpunkt fällig. Der „Zweitkäufer" erwirbt somit vom „Erstkäufer" die Forderung, vom Erzeuger die im Erstvertrag definierte Einspeisung zu erhalten. Das Erfüllungsgeschäft müsste sich demnach nach § 398 BGB richten.[43] Es kann somit bei dem Zweitgeschäft nicht um die Weiterverwertung eines Strom*absatz*rechts durch den Erstkäufer gehen. Es kann – wenn überhaupt – nur um das Recht, eine Stromlieferung zu erhalten, d. h. um ein Strom*bezugs*recht, gehen. Diese zivilrechtliche Einordnung von Erstabsatz und Zweitgeschäft liegt auch den Entscheidungen des OLG Düsseldorf und des BGH im Fall „Eschwege" zugrunde. Im Hinblick auf das Zweitgeschäft führt das OLG aus, dass die zweite Marktstufe dadurch gekennzeichnet sei, dass „Weiterverteiler […], Stromhandelsunternehmen und die Verbundunternehmen selbst (diese durch von ihnen beherrschte Stadtwerke, Regionalversorger und eigene Handelsunternehmen) […], als Anbieter beim Verkauf von Elektrizität (genauer gesagt: von *Strombezugsrechten*) an andere, der Distributionsstufe angehörige Unternehmen und Endkunden tätig sind."[44]

Diese rechtliche Konstruktion stellt den Versuch dar, der für das Marktgeschehen als maßgeblich angesehenen physikalischen Notwendigkeit der Zeitgleichheit von Erzeugung und Verbrauch Rechnung zu tragen. Zur Fehlerhaftigkeit dieser Prämisse s. bereits B.I. Unzweifelhaft vermag diese Konstruktion die auch vom OLG Düsseldorf in tatsächlicher Hinsicht getroffene Feststellung zu erklären, „dass sich der Stromhandel immer nur auf die tatsächlich erzeugten und letztlich verbrauchten Strommengen erstrecken kann"[45] und daher die Unternehmen der

42 BKartA, Beschl. v. 8.12.2011, Az. B8-94/11, Tz. 28 „*RWE/Stadtwerke Unna*".
43 Vgl. zu der aus dem Abstraktionsprinzip folgenden Überlegung auch Schöne/*Tomala/Törk*, Vertragshandbuch Stromwirtschaft, 1. Aufl., Kap. 4.E Rn.128 (allerdings auf §§ 398, 413 BGB abstellend und nicht begrenzt auf das Zweitgeschäft).
44 OLG Düsseldorf, Beschl. v. 6.6.2007, Az. VI-2 Kart 7/04 (V), Tz. 35, Hervorhebung durch d. Verf.
45 OLG Düsseldorf, Beschl. v. 6.6.2007, Az. VI-2 Kart 7/04 (V), Tz. 36, „*E.ON/Stadtwerke Eschwege*".

sog. Distributionsstufe (Stromhändler und Weiterverteiler) „im Wettbewerb stets nur eine von den sie beliefernden Stromerzeugern abgeleitete, abhängige Position [haben]"[46], weshalb „die Marktergebnisse auf der Distributionsstufe, […] aber auch auf den Endkundenmärkten, […] durch die Verhaltensweisen der auf der Erzeugungsstufe tätigen Unternehmen determiniert [werden]."[47] Denn: Würde von einem Forderungskauf ausgegangen, so bestünde in der Tat ein Anspruch des letzten Käufers gegenüber dem Erzeuger auf Einspeisung einer bestimmten Menge. Dass diese mit Blick auf die Beschreibung des Marktgeschehens getroffenen Feststellungen des OLG gleichwohl falsch sind, ergibt sich aus einem ganz simplen Gesichtspunkt: Diese die Marktabgrenzung tragende rechtliche Konstruktion entspricht nicht der tatsächlichen, durch die rechtlichen Rahmenbedingungen bedingten Vertragspraxis.[48] Insoweit sei an dieser Stelle zunächst nur festgestellt, dass nach den heute geltenden rechtlichen Rahmenbedingungen, d. h. dem heute geltenden Netzzugangsmodell (vgl. hierzu B.III.2)), die Pflicht zur Einspeisung von Elektrizität in das Netz, d. h. die tatsächliche Erzeugung i. S. d. Amtes, an keiner Stelle der Stromlieferkette vertragliche Pflicht einer Vertragspartei ist.

III. Rechtliche Grundlagen des Marktgeschehens

Der transaktionsunabhängige, diskriminierungsfreie Netzzugang ist Grundvoraussetzung für die Ermöglichung von Wettbewerb auf den dem Netz vor- bzw. nachgelagerten Wertschöpfungsstufen der Erzeugung bzw. des Vertriebs sowie der Ermöglichung von Handel als Instrument zur Förderung eines solchen Wettbewerbs.

1) Berücksichtigung der Physik im Netzzugangsmodell

Jedes Netzzugangsmodell muss die physikalische Notwendigkeit der Zeitgleichheit von Einspeisung und Verbrauch beachten. Allerdings gibt es – wie auch die historische Entwicklung zeigt – verschiedene Möglichkeiten, dies rechtlich zu bewerkstelligen. Entscheidend ist, innerhalb welcher Beziehungen und Verant-

---

46 OLG Düsseldorf, Beschl. v. 6.6.2007, Az. VI-2 Kart 7/04 (V), Tz. 37, „*E.ON/Stadtwerke Eschwege*".

47 OLG Düsseldorf, Beschl. v. 6.6.2007, Az. VI-2 Kart 7/04 (V), Tz. 37, „*E.ON/Stadtwerke Eschwege*".

48 Vgl. zu dieser Einschätzung des Marktes auch Schöne/*Tomala/Törk*, Vertragshandbuch Stromwirtschaft, 1. Aufl., Kap. 4.E Rn. 128.

wortlichkeiten und unter Beteiligung welcher Parteien die gleichzeitige Einspeisung in und Entnahme aus dem Netz und ein eventuell notwendiger Ausgleich zur Aufrechterhaltung der Netzfrequenz stattfinden.

Die Frage wurde erstmals nach Aufhebung des Prinzips der geschlossenen Versorgungsgebiete 1998 wirklich virulent. Die gesetzliche Normierung des Rechts, auch fremde Netze für wettbewerbliche Aktivitäten auf den dem Netz vor- und nachgelagerten Wertschöpfungsstufen zu benutzen, erschöpfte sich in der Regelung des § 6 Abs. 1 S. 1 EnWG 1998. Danach waren die Betreiber von Elektrizitätsversorgungsnetzen verpflichtet, „anderen Unternehmen das Versorgungsnetz für Durchleitungen [...] zur Verfügung zu stellen". Die Ausgestaltung des Netzzugangs wurde den Verbänden der an der Netznutzung beteiligten Unternehmen überlassen (sog. „verhandelter Netzzugang"). Die „Verbändevereinbarung über Kriterien zur Bestimmung von Durchleitungsentgelten" (VV I) vom 22. Mai 1998 sah ein transaktionsabhängiges Punkt-zu-Punkt-Durchleitungskonzept vor.[49] Für jede Kundenbelieferung musste eine Punkt-zu-Punkt-Durchleitung zwischen Netzbetreiber(n) und Lieferant vereinbart werden. Energiebeschaffung und Netznutzung waren dadurch vollständig voneinander abhängig.[50] Einspeisepunkt war ein konkretes Kraftwerk, Entnahmepunkt die Endverbrauchsstelle. Es gab kein Bilanzkreissystem.[51] Durchleitungsverträge mussten nur für fremde Netze abgeschlossen werden.

Das heute geltende transaktionsunabhängige Punktmodell hat seine Ursprünge in der am 13. Dezember 1999 geschlossenen „Verbändevereinbarung über Kriterien zur Bestimmung von Netznutzungsentgelten für elektrische Energie" (VV II) und wurde mit der „Verbändevereinbarung über Kriterien zur Bestimmung von Netznutzungsentgelten für elektrische Energie und über Prinzipien der Netznutzung" (VV II plus) vom 13. Dezember 2001 weiter verfeinert. Mit der EnWG-Novelle von 2005 wurde das System des verhandelten Netzzugangs durch dasjenige des regulierten Netzzugangs ersetzt. Da sich das transaktionsunabhängige Punktmodell für den Netzzugang und das dieses tragende Bilanzkreissystem, beides Voraussetzungen für den Handel an der Strombörse, bewährt hatten, wurden sie in das System des regulierten Netzzugangs überführt. Das heute geltende Netzzugangsmodell stellt sich als sog. „Marktplatz-Modell" dar, bei dem davon ausgegangen wird, dass Strom unabhängig von der physikalisch-technisch notwendigen

---

49   Sie betraf „die Einspeisungen von elektrischer Energie (Leistung und Arbeit), gleich welcher Herkunft, in definierte Einspeisepunkte des Netzsystems und die damit verbundene zeitgleiche Entnahme der eingespeisten elektrischen Energie an räumlich davon entfernt liegenden Entnahmepunkten des Netzsystems (Netznutzung)" (Vorspann zur VV I).

50   BerlKommEnR/*Bartsch/Pohlmann*, Anh. A § 24 EnWG, § 1 StromNZV Rn. 6.

51   Vgl. Ziffer 1.5 der VV I: „Durchleitungsverträge setzen voraus, daß Abweichungen zwischen Einspeisung und Entnahme bzw. von einem vereinbarten Sollwert einer Durchleitung in geeigneter Weise technisch und vertraglich geregelt sind."

Transportstrecke auf der Ebene der Höchstspannungsnetze (380/220-kV-Ebene) gehandelt wird.[52] Es erlaubt eine völlig getrennte Betrachtung von gelieferter Ware (elektrische Energie, Stromlieferung) einerseits und Transportweg (Netz, Netznutzung) andererseits.[53] Mit der vorangetriebenen Entflechtung (Unbundling) der Netzbetreiber und der Regulierung des Netzbetriebs wurde die Rollenteilung zwischen Erzeugern/Händlern/Lieferanten und Netzbetreibern noch klarer.

2) Das geltende Netzzugangsmodell

a) Allgemeine Grundlagen

Das Netzzugangsmodell basiert auf dem in § 20 Abs. 1a EnWG, §§ 1, 3 StromNZV normierten Vertragssystem. Eckpfeiler des Systems sind Netznutzungs-, Lieferantenrahmen- und Bilanzkreisverträge. Die Transaktionsunabhängigkeit wird u. a. durch § 3 Abs. 1 S. 1 StromNZV konkretisiert: Netznutzungsvertrag oder Lieferantenrahmenvertrag vermitteln den Zugang zum gesamten Netz. Die Umstände der konkreten Transaktion, d. h. der Einspeise- und Entnahmepunkt sowie die Distanz zwischen diesen Punkten, sind für die Netzzugangsbedingungen nicht mehr maßgeblich.[54] Voraussetzung für jede Netznutzung ist allerdings, dass jede Einspeise- und jede Entnahmestelle einem Bilanzkreis angehört (vgl. § 20 Abs. 1a S. 5 EnWG i. V. m. § 4 Abs. 3 S. 1 StromNZV). Der Bilanzkreis muss in ein nach § 26 StromNZV vertraglich begründetes Bilanzkreissystem eingebunden sein (§ 3 Abs. 2 StromNZV). Hierzu muss der Bilanzkreisverantwortliche (Erzeuger, Händler oder Lieferant) mit dem ÜNB einen Bilanzkreisvertrag schließen (vgl. § 26 StromNZV), in welchem ihre für das Funktionieren des Bilanzkreissystems notwendigen Beziehungen rechtlich ausgestaltet werden. Der Bilanzkreisvertrag ist somit das vertragsjuristische Gegenstück zu den energietechnischen bzw. wirtschaftlich motivierten Regelungen der §§ 4, 5 StromNZV.[55]

b) Das Bilanzkreissystem

Die unabhängig vom jeweiligen Netzzugangsmodell erforderliche Beachtung der physikalisch notwendigen Zeitgleichheit von physischen Einspeisungen und Entnahmen findet ihren Niederschlag in § 4 Abs. 2 S. 2 StromNZV. Nach § 4 Abs. 3

---

52 BerlKommEnR/*Bartsch/Pohlmann*, Anh. A § 24 EnWG, § 1 StromNZV Rn. 7.
53 BerlKommEnR/*Bartsch/Pohlmann*, Anh. A § 24 EnWG, § 1 StromNZV Rn. 6, 7.
54 BerlKommEnR/*Bartsch/Pohlmann*, Anh. A § 24 EnWG, § 1 StromNZV Rn. 7.
55 BerlKommEnR/*Bartsch/Pohlmann*, Anh. A § 24 EnWG, § 26 StromNZV Rn. 1.

S. 1 muss jede physische Einspeise- und Entnahmestelle genau einem Bilanzkreis zugeordnet sein. Ein Bilanzkreis ist die Zusammenfassung von physikalischen Einspeisungen und Entnahmen oder von Energiebezügen und -lieferungen innerhalb einer Regelzone zu dem Zweck, Abweichungen durch ihre Durchmischung zu minimieren und die Abwicklung von Handelstransaktionen zu ermöglichen (vgl. § 3 Nr. 10a EnWG).[56] Der Bilanzkreis dient der bilanziellen Erfassung von Einspeisungen und Entnahmen bzw. Bezügen und Lieferungen.[57] Es handelt sich um ein *virtuelles Gebilde mit Kontierungsfunktion.*[58]

Gem. § 4 Abs. 1 S. 2 StromNZV muss ein Bilanzkreis aus mindestens einer physischen Einspeise- oder Entnahmestelle bestehen. Im einfachsten Fall eines Bilanzkreises wird dieser mithin von einem einzigen Netznutzer mit einer Einspeise- oder einer Entnahmestelle gebildet. Im erstgenannten Fall (Erzeugerbilanzkreis) stehen auf der einen Seite des Kontos die Einspeisungen der Erzeugungsanlagen, auf der anderen Seite die Fahrplanlieferungen an den Käufer (in dessen Bilanzkreis). Im zweiten Fall (Versorgerbilanzkreis) stehen auf einer Seite des Kontos die Fahrplanbezüge und auf der anderen Seite die Entnahmen (durch die Endkunden). Die Lieferungen des Erzeugers in andere Bilanzkreise („Exporte") bzw. die Bezüge des Versorgers aus anderen Bilanzkreisen („Importe") werden über Fahrpläne abgewickelt (§ 5 Abs. 1 S. 1 StromNZV).[59] Beide Fälle können auch in einem Bilanzkreis kombiniert sein. Nach § 4 Abs. 1 S. 3 StromNZV können Bilanzkreise auch für Geschäfte gebildet werden, „die nicht die Belieferung von Endkunden zum Gegenstand haben". Der Wortlaut ist – wie schon die Möglichkeit eines reinen Erzeugerbilanzkreises zeigt – ungenau. § 4 Abs. 1 S. 3 StromNZV besagt letztlich nur, dass es auch Bilanzkreise ohne physische Einspeise- und Entnahmestellen geben kann. Dies zielt auf Bilanzkreise, die sowohl beschaffungs- als auch lieferseitig Lieferungen allein auf der Grundlage von Fahrplänen abwickeln (sog. Händler-Bilanzkreis). Dies ermöglicht auch solchen Marktteilnehmern die Teilnahme am Stromhandel, die über keinerlei eigene Erzeugungs- oder Endkundenvertriebsaktivitäten verfügen. Die Möglichkeit von Händler-Bilanzkreisen ist conditio sine qua non für den Börsenhandel. Auch wenn die Börse als „Marktplatz" bezeichnet wird, darf nicht übersehen werden, dass die Abwicklung der über die Börse verkauften bzw. gekauften Mengen über den Bilanzkreis der Börse erfolgt. Dieser Börsenbilanzkreis ist ein Bilanzkreis i. S. d. § 4 Abs. 1 S. 3 StromNZV.[60]

---

56 *Burmeister*, in Horstmann/Cieslarczyk, Energiehandel, Kap. 3 Rn. 94.
57 Vgl. *Burmeister*, in Horstmann/Cieslarczyk, Energiehandel, Kap. 3 Rn. 94.
58 BerlKommEnR/*Bartsch/Pohlmann*, Anh. A § 24 EnWG, § 3 StromNZV Rn. 8, § 4 StromNZV Rn. 5; *Burmeister*, in Horstmann/Cieslarczyk, Energiehandel, Kap. 3 Rn. 94.
59 BerlKommEnR/*Bartsch/Pohlmann*, Anh. A § 24 EnWG, § 4 StromNZV Rn. 8.
60 BerlKommEnR/*Bartsch/Pohlmann*, Anh. A § 24 EnWG, § 4 StromNZV Rn. 9.

Die konkrete Abwicklung von Stromlieferverträgen im Rahmen der durch das Bilanzkreissystem vorgegebenen Grundstruktur ist in § 5 StromNZV ausführlich geregelt. Gem. § 5 Abs. 1 S. 1 StromNZV erfolgt die Abwicklung von (physischen) Stromlieferungen zwischen den Bilanzkreisen auf der Basis von Fahrplänen. Ein Fahrplan ist gem. der Legaldefinition in § 2 Nr. 1 StromNZV die „Angabe, wie viel elektrische Leistung in jeder Zeiteinheit zwischen den Bilanzkreisen ausgetauscht wird oder an einer Einspeise- oder Entnahmestelle eingespeist oder entnommen wird." Die Fahrpläne müssen vom Bilanzkreisverantwortlichen erstellt und dem ÜNB gemäß den zeitlichen Vorgaben der §§ 5 Abs. 1 S. 3, 5 Abs. 2 bis 4 StromNZV mitgeteilt werden (§ 5 Abs. 1 S. 2 StromNZV).

Das Bilanzkreissystem führt dazu, dass im Verhältnis der Parteien der einzelnen Stromliefer-/Stromhandelsverträge die physikalische Notwendigkeit der Gleichzeitigkeit von physischen Einspeisungen und Entnahmen keine Rolle spielt.

c) Rollenverteilung zwischen Bilanzkreisverantwortlichem und ÜNB

Hinsichtlich der Verantwortung für die Gleichzeitigkeit von Einspeisungen und Entnahmen gilt eine eindeutige Rollenverteilung zwischen ÜNB und Bilanzkreisverantwortlichen. Der ÜNB ist in seiner Eigenschaft als Regelverantwortlicher für den Ausgleich der physikalisch-technischen Leistungsbilanz in Echtzeit mittels Regelenergie zuständig (vgl. § 13 EnWG). Demgegenüber trägt der Bilanzkreisverantwortliche als Schnittstelle zwischen Netznutzern und ÜNB lediglich die wirtschaftlich-finanziellen Folgen von Bilanzabweichungen. Er ist gemäß § 4 Abs. 2 S. 2 StromNZV dafür verantwortlich, dass innerhalb seines Bilanzkreises in jeder Viertelstunde eine ausgeglichene Bilanz zwischen Einspeisungen (eingespeiste plus aus anderen Bilanzkreisen „importierte" elektrische Energie) und Entnahmen (entnommene plus in andere Bilanzkreise „exportierte" elektrische Energie) zu Stande kommt, der Saldo also immer Null beträgt.[61] Auf der Grundlage des Bilanzkreisvertrags erstellt der ÜNB in seiner Funktion als Bilanzkreiskoordinator für jede Viertelstunde eine Energiebilanz für jeden bei ihm geführten Bilanzkreis[62] und rechnet die Bilanzabweichung mit dem Bilanzkreisverantwortlichen wirtschaftlich-finanziell ab.[63]

61 BerlKommEnR/*Bartsch/Pohlmann*, Anh. A § 24 EnWG, § 4 StromNZV Rn. 10.
62 BerlKommEnR/*Bartsch/Pohlmann*, Anh. A § 24 EnWG, § 4 StromNZV Rn. 10.
63 BerlKommEnR/*Bartsch/Pohlmann*, Anh. A § 24 EnWG, § 4 StromNZV Rn. 11. Die Preise für Bilanzkreisabweichungen werden auf ¼-Stunden-Basis aus den Zahlungen oder Einnahmen des ÜNB für die eingesetzte Ausgleichsenergie (Sekundärregel- und Minutenreserveenergie) ermittelt. Bilanzkreise mit derselben Saldo-Charakteristik (Über-/Unterspeisung) wie der Regelzonensaldo werden anteilig an den resultierenden Regelenergiekosten bzw. Erlösen mittels des Ausgleichsenergiepreises beteiligt (s. hierzu www.regelleistung.net).

Die konkrete Bilanzabweichung ermittelt sich aus den gemessenen Ist-Werten der Entnahmen und Einspeisungen in dem in Rede stehenden Bilanzkreis sowie aus dem Saldo der Werte der Austauschfahrpläne mit anderen Bilanzkreisen. Auch wenn der Bilanzkreisverantwortliche regelmäßig auch vertraglich (im Bilanzkreisvertrag) angehalten ist, die Energiemenge der Einspeisungen und importierten Stromlieferungen in seinem Bilanzkreis bestmöglich auf die Entnahmen und exportierten Lieferungen aus seinem Bilanzkreis abzustimmen[64], sind gewisse Bilanzabeichungen die Regel, da praktisch unvermeidbar. Eine Ausnahme bilden Bilanzkreise i. S. d. § 4 Abs. 1 S. 3 StromNZV, weil Fahrplangeschäfte – von Fehlern bei der Fahrplananmeldung abgesehen[65] – ohne Abweichungen erfolgen.[66] Auftretende Bilanzabweichungen haben unterschiedliche Ursachen. Besteht der Bilanzkreis nur aus Entnahmestellen, sind Abweichungen quasi vorprogrammiert. Der Lieferant muss bei der Beschaffung eine prognostizierte Abnahmemenge der Stromendkunden zugrunde legen. Da die Prognosen das tatsächliche Abnahmeverhalten der Endkunden nicht stets präzise treffen, ergeben sich regelmäßig Abweichungen zwischen prognostizierter – in den Bilanzkreis mittels Fahrplan importierter – Leistung und tatsächlichem, gemessenem, Verbrauch.[67] Bei Bilanzkreisen, die nur aus Einspeisestellen bestehen, kommt es ebenfalls regelmäßig zu Abweichungen, da die Einspeisungen der Kraftwerke gewissen Schwankungen unterliegen.[68]

3) Auswirkungen auf die reale Vertragspraxis auf Großhandelsebene

Die Abwicklung der Stromlieferung auf der Stromgroßhandelsebene fußt zwangsläufig auf dem gegebenen Netzzugangsmodell. Demgemäß bestimmt das Bilanzkreissystem die grundsätzliche zivilrechtliche Ausgestaltung der Stromlieferverträge auf Großhandelsebene. Dies gilt für alle physischen Handelsgeschäf-

---

64 BerlKommEnR/Bartsch/Pohlmann, Anh. A § 24 EnWG, § 4 StromNZV Rn. 4.
65 In solchen Fällen werden die Fahrpläne jedoch in der Regel vom ÜNB zwecks Korrektur zurückgewiesen.
66 BerlKommEnR/*Bartsch/Pohlmann*, Anh. A § 24 EnWG, § 4 StromNZV Rn. 9.
67 BerlKommEnR/*Bartsch/Pohlmann*, Anh. A § 24 EnWG, § 4 StromNZV Rn. 4.
68 BerlKommEnR/*Bartsch/Pohlmann*, Anh. A § 24 EnWG, § 4 StromNZV Rn. 4.

te[69], unabhängig davon, ob es sich um standardisierte OTC[70]-Verträge, individuell verhandelte Verträge oder über die Börse abgewickelte Verträge handelt. Es gilt ferner unabhängig davon, ob es sich um Termin- oder Spotgeschäfte handelt. Hauptleistungspflicht des Verkäufers ist immer die Lieferung elektrischer Energie. Dies gilt unabhängig von der Person des Verkäufers und von dem vom Käufer geplanten Vertragszweck. Es werden keine Rechte[71] oder Kontrakte[72], sondern (der sonstige Gegenstand) Strom gehandelt. Erfüllungsort und Art der Warenübergabe, d. h. Erfüllungshandlung und -ort, sind unabhängig davon, ob der Verkäufer Erzeuger ist oder eine andere Tätigkeit ausübt. Übergabestelle und damit Leistungsort i. S. d. § 269 BGB ist regelmäßig der Bilanzkreis des Käufers[73], Erfüllungshandlung ist die ordnungsgemäße Fahrplananmeldung, d. h. die rechtzeitige Angabe gegenüber dem ÜNB, wie viel elektrische Leistung in einer bestimmten Zeiteinheit in einen bestimmten Bilanzkreis exportiert werden soll. Die ordnungsgemäße Abnahme des Käufers erfolgt durch eine entsprechende Bezugsfahrplananmeldung für seinen Bilanzkreis.[74] Als Beispiel sei auf §§ 4, 6 des sog. EFET-Rahmenvertrages[75] verwiesen, welcher sich im OTC-Stromhandel weitgehend als Standard etabliert hat.

Auf welche Art der Verkäufer den Exportfahrplan deckt, um als Bilanzkreisverantwortlicher seiner aus dem Bilanzkreisvertrag mit dem ÜNB resultierenden Pflicht nachzukommen, in jeder Viertelstunde für eine ausgeglichene Bilanz seines Bilanzkreises zu sorgen, ist ihm überlassen. Er hat die Wahl zwischen einer physischen Kraftwerkseinspeisung und einem Importfahrplan (aus dem Bilanzkreis eines Dritten). Wegen dieser Freiheit und des Umstandes, dass es sich beim Bilanzkreis um ein Kontierungssystem handelt, in dem alle Einspeisungen/Importe und Entnahmen/Exporte saldiert werden, ist eine von OLG Düsseldorf und

---

69 Die im Stromhandel gebräuchliche Unterscheidung zwischen physischem und finanziellem Handel dient der Abgrenzung von Geschäften (Produkten) mit physischer Erfüllung und solchen mit finanzieller Erfüllung. Physische Erfüllung bedeutet, dass im künftigen Erfüllungszeitpunkt tatsächlich eine Lieferung der Ware Strom stattfindet. Beim finanziellen Handel beinhalten die Primärpflichten nur künftige Zahlungspflichten, die sich auf Grundlage einer vorher vereinbarten Rechenoperation ergeben (vgl. *Fried*, in Schwintowski (Hrsg.), Handbuch Energiehandel, 2. Aufl., S. 166 Rn. 267; *Schöne/Stuhlmacher/Draxler/Sessel-Zsebik/ Horndasch*, Vertragshandbuch Stromwirtschaft, 1. Aufl., Kap. 4. F, insb. Rn. 45; Kommission, Entsch. v. 14.11.2006 – COMP/M. 4180, Tz. 678.

70 Außerbörslicher Handel.

71 Seien es nun Stromabsatzrechte (so BKartA, Bericht S. 70) oder Strombezugsrechte (so OLG Düsseldorf, Beschl. v. 6.6.2007, Az. VI-2 Kart 7/04 (V), Tz. 35 „*E.ON/Stadtwerke Eschwege"*; BKartA, Beschl. v. 12.3.2007, Az. B8-40000-V-62/06, S. 27 Umdrucks „*RWE/Saar Ferngas"*.

72 So BKartA, Beschl. v. 8.1.2012, Az. B8-94/11, Tz. 28 „*RWE/Stadtwerke Unna"*.

73 *Schöne/Tomala/Törk*, Vertragshandbuch Stromwirtschaft, 1. Aufl., Kap. 4.E Rn. 128, 165.

74 *Schöne/Tomala/Törk*, Vertragshandbuch Stromwirtschaft, 1. Aufl., Kap. 4.E Rn. 166.

75 http://efetdeutschland.2r.nl/GetFile.aspx?File=3653.

BGH im „Eschwege"-Fall prinzipiell für möglich gehaltene „Nachverfolgung der Lieferkette"[76] ausgeschlossen.

IV. Zwischenergebnis

Die in der Marktabgrenzung zu Tage tretenden Schwierigkeiten des Amtes bei der Erfassung des Phänomens „physischer Stromhandel" resultieren offensichtlich – jedenfalls auch – aus dem Umstand, dass die Realität des Bilanzkreissystems und damit auch die Erfüllung physischer Liefer-/Handelsverträge auf Großhandelsebene mittels Fahrplänen schlicht ignoriert wird. Symptomatisch erscheinen insoweit die äußerst knappen – das in § 20 Abs. 1a S. 5 EnWG genannte Bilanzkreissystem mit keinem Wort erwähnenden[77] – Ausführungen des Amtes zum Netzzugangsmodell.[78] Vor dem Hintergrund, dass erst das Bilanzkreissystem die auf S. 46 ff. des Berichts beschriebenen Handelsgeschäfte ermöglicht und die Abgrenzung des sog. Erstabsatzmarktes allein der Bewältigung des durch diese Handelsgeschäfte auftretenden Problems der – angeblich die Wettbewerbsverhältnisse auf dem Markt verfälschenden – Mehrfachzählungen dient, erscheint dieser Umstand jedenfalls erstaunlich.

Dem Erstabsatzmarkt liegt die – auch an anderer Stelle des Berichts[79] zu Tage tretende, in der „RWE/Stadtwerke Unna"-Entscheidung explizit dargelegte[80] – irrige Vorstellung zugrunde, dass Strom produziert und in den Markt gegeben wird (Erstabsatz) und das anschließende Handelsgeschehen (Zweitgeschäft) nur ein nachfolgendes Anhängsel darstellt, welches weder Mengennoch preisliche Rückwirkungen auf das Vermarktungsverhalten der Erzeuger

---

76 OLG Düsseldorf, Beschl. v. 6.6.2007, Az. VI-2 Kart 7/04 (V), Tz. 36.; BGH, Beschl. v. 11.11.2008, Az. KVR 60/07, Tz. 13.

77 Soweit an anderer Stelle (BKartA, Bericht S. 62, 158 (Fn. 193), 253) die Existenz von Bilanzkreisen überhaupt erwähnt wird, geschieht dies nur am Rande.

78 BKartA, Bericht S. 39: „Gemäß den Regelungen des § 20 Abs. 1a EnWG werden Stromtransporte über Netznutzungsverträge bzw. Lieferantenrahmenverträge mit dem Einspeise- und dem Ausspeisenetzbetreiber abgewickelt, unabhängig von der jeweiligen Regelzone." Unklar ist, weshalb hier in Abweichung vom Wortlaut des § 20 Abs. 1a EnWG („Netzzugang") der im vorliegenden Zusammenhang an den Begriff der „Durchleitung" des EnWG von 1998 erinnernde Begriff des „Stromtransports" gewählt wurde.

79 Vgl. z. B. die in Abb. 9 des Berichts vorgenommene Einordnung von OTC- und Börsenhandel als „Stromvertriebswege" und die dazugehörige Erläuterung auf S. 47 des Berichts, dass es sich um die Wege handele, über die die „Stromerzeuger den von ihnen produzierten Strom (...) vermarkten."

80 BKartA, Beschl. v. 8.12.2011, Az. B8-94/11, Tz. 31 *„RWE/Stadtwerke Unna"*.

hat.[81] In Wirklichkeit ist es gerade umgekehrt: Erst schließen die Marktteilnehmer ihre Geschäfte ab, die letzten zum Glattstellen offener Positionen und zur Kraftwerkseinsatzoptimierung am Spotmarkt, und am Ende produzieren die Kraftwerke den Strom, der zur Erfüllung der Summe aller Geschäfte nötig ist. Dem Erstabsatzmarkt liegt ein überholtes Verständnis der Funktion des Stromhandels zugrunde. Beim Stromhandel handelt es sich – entgegen den Ausführungen des Amtes an anderer Stelle des Berichts[82] sowie in der „RWE/Stadtwerke Unna"-Entscheidung[83] – nicht um einen der Erzeugung nachgelagerten Markt. Das Festhalten an dieser Sichtweise ist umso erstaunlicher, als sich das Amt in seinen aus der Sektoruntersuchung gewonnenen neueren Erkenntnissen ausführlich mit der sog. Kraftwerkseinsatzoptimierung nach dem Börsenpreis auseinandersetzt[84]. Die an der Börse angebotenen Mengen stammen nachweislich nicht nur – wie die vom Amt im Bericht ausführlich erläuterte Merit Order[85] suggeriert – von Erzeugern und Importeuren. Tatsächlich bieten auch Händler (z. B. „Spekulanten"), aber auch Vertriebe die für bestimmte Stunden zu viel gekauften Mengen aus Standardprodukten (Stichwort strukturierte Beschaffung) zum Kauf an.[86] Vor diesem Hintergrund muss jedoch auch festgestellt werden, dass das Amt seine Annahme in der „RWE/Stadtwerke Unna"-Entscheidung selbst ad absurdum führt. Es charakterisiert die als Zweitgeschäft ausgeschlossenen Handelstransaktionen als solche „innerhalb der intermediären Stufe der Distribution"[87] und schließt dadurch per Definition Rückwirkungen auf den Erstabsatzmarkt, d. h. die Erzeugung, aus. Gleichzeitig wird aber festgestellt, dass hinsichtlich dieser – sich per Definition auf der Distributionsstufe befindlichen Handelsmärkte – künftig[88] eine „eingehendere Marktabgrenzung (zum Beispiel nach Spot- und Terminmärkten") erforderlich werden könnte.[89] Festzuhalten

---

81   Vor dem Hintergrund, dass herkömmlicherweise unter „Vertrieb" ein eindirektionaler Absatzvorgang an bestimmte Kunden verstanden wird (vgl. *Schöne/Stuhlmacher/Draxler/Sessel-Zsebik/Horndasch*, Vertragshandbuch Stromwirtschaft, 1. Aufl., Kap. 4.F Rn. 1 f.; vgl. auch *Fried*, in Schwintowski (Hrsg.), Handbuch Energiehandel, 2. Aufl., S. 165 Rn. 263), handelt es sich bei der in Abb. 9 des Berichts vorgenommenen Einordnung von OTC- und Börsenhandel als „Strom*vertriebs*wege" offensichtlich nicht nur um ein begriffliches Problem.

82   BKartA, Bericht S. 37.

83   BKartA, Beschl. v. 8.12.2011, Az. B8-94/11, Tz. 31 „*RWE/Stadtwerke Unna*".

84   Vgl. BKartA, Bericht S. 60.

85   Die Merit Order ist die Einsatzreihenfolge der Stromerzeugungsanlagen, sortiert anhand der variablen Erzeugungskosten der einzelnen Anlagen.

86   Dies erkennt im Übrigen auch das Amt jedenfalls im Rahmen der räumlichen Abgrenzung des Erstabsatzmarktes an, Bericht S. 78.

87   BKartA, Beschl. v. 8.12.2011, Az. B8-94/11, Tz. 31, „*RWE/Stadtwerke Unna*", Hervorhebung durch d. Verf.

88   Da für die konkrete Entscheidung nicht relevant, wurde diese Frage offen gelassen.

89   BKartA, Beschl. v. 8.12.2011, Az. B8-94/11, Tz. 31 „*RWE/Stadtwerke Unna*".

bleibt: Der Stromhandel ist kein der Erzeugung nachgelagerter Markt. Vielmehr ist er ein Instrument zur Ermöglichung und Effektivierung des Wettbewerbs bei der Erzeugung und dem Vertrieb. Auch dies ist Folge des Bilanzkreissystems und der dadurch ermöglichten „Abkopplung" der Erfüllung der Lieferpflicht aus dem Kaufvertrag von dem Realakt der Produktion. Insofern kann von der von einer Person erzeugten Strommenge nicht auf die von ihr verkaufte Menge geschlossen werden.[90]

Die vom BGH als maßgeblich angesehene Abgrenzung von „körperlich in Form von Netzspannung zu liefernden Strommengen"[91] und – im Umkehrschluss – nicht in Form von Netzspannung zu liefernden Strommengen findet in der realen Vertragspraxis keine Entsprechung. Damit entfällt das maßgebliche Abgrenzungskriterium zwischen (relevantem) Erstabsatz und (angeblich irrelevantem) Zweitgeschäft. Das Fehlen jeglichen Abgrenzungskriteriums belegt, dass es sich bei der Unterscheidung um eine künstliche, auf der Grundlage des realen Marktgeschehens nicht begründbare (Markt-) Abgrenzung handelt.

V. Die Theorie der wettbewerbsverfälschenden Mehrfachzählungen – das Argument der Billigung durch OLG Düsseldorf und BGH

1) Begründung des Amtes

Der Ausschluss der sog. „Zweitgeschäfte" wird mit einer andernfalls erfolgenden „Mehrfachzählung der Strommengen" begründet.[92] Von dieser wird angenommen, dass sie zu einer künstlichen Ausweitung des Gesamtmarktvolumens führen würde.[93] Das Amt erkennt explizit an, dass die Reduzierung der Anbieterstruktur durch den Ausschluss reiner Handelsgeschäfte eine teilweise Loslösung vom Bedarfsmarktkonzept darstellt, da die Herkunft der gelieferten Elektrizität vom Erzeuger oder vom Händler bzw. Weiterverteiler aufgrund der Homogenität dieses Produktes für den Nachfrager prinzipiell irrelevant ist.[94] Diese Modifizierung des Bedarfsmarktkonzepts sei „mit den Grundsätzen kartellrechtlicher

---

90 Vgl. hierzu bereits *Metzenthin*, in FS Kühne, S. 207, 215.
91 BGH, Beschl. v. 11.11.2008, Az. KVR 60/07, Tz. 22 *„E.ON/Stadtwerke Eschwege"*.
92 BKartA, Bericht S. 70.
93 BKartA, Bericht S. 70.
94 BKartA, Bericht S. 70 mit Verweis auf *Gleave*, ZfE 2008, S. 120, 122; BKartA, Beschl. v. 8.12.2011, Az. B8-94/11, Tz. 28 *„RWE/Stadtwerke Unna"*.

Marktabgrenzung vereinbar, wonach mit der Marktabgrenzung diejenigen Wettbewerbskräfte zu ermitteln sind, denen sich die Unternehmen zu stellen haben."[95]

Dass nur der Erstabsatzmarkt „die tatsächlich aktiven Wettbewerbskräfte auf der Erzeuger*stufe*"[96] widerspiegele, begründet das Amt zum einen mit dem Umstand, dass die „auf der Erzeugungsebene produzierte Elektrizität [...] zwecks Erhaltung der Netzstabilität zu jedem Zeitpunkt – abgesehen von systembedingten Verlusten – identisch mit den auf der Endkundenstufe in der Summe nachgefragten Elektrizitätsmengen sein" müsse.[97] Zum anderen führt es an, dass aufgrund der derzeit sehr begrenzten Speicherbarkeit von Strom die „Steuerung der an Letztverbraucher gelieferten Elektrizitätsmenge [...] im Wesentlichen über die entsprechende Steuerung der Erzeugungs*menge* durch Zu- und Abschalten von Kraftwerken auf der Erzeugungsstufe"[98], erfolge. Wie bereits unter B.I gezeigt, kann aus den physikalischen Gegebenheiten nicht auf die rechtlich-ökonomisch geprägten Marktkräfte geschlossen werden. Sie rechtfertigen daher keine Modifizierung des Bedarfsmarktkonzepts, da sie keine Auskunft über die auf die Erzeuger wirkenden Wettbewerbskräfte geben können.

Das Amt beruft sich ferner auf die Billigung seiner Marktabgrenzung durch den BGH in der „Eschwege"-Entscheidung.[99] Mit Verweis auf seine „Staubsaugerbeutelmarkt"-Entscheidung habe er dort erneut festgestellt, „dass eine Marktabgrenzung fehlerhaft ist, wenn sie dazu führt, dass Erzeuger und Weiterverkäufer auf eine Stufe gestellt werden, obwohl die gesamte gehandelte Ware von den Erzeugern in den Verkehr gebracht worden ist."[100] Der BGH habe insoweit ausgeführt, dass es bei der Marktabgrenzung zu Mehrfachzählungen komme, wenn der Erstabsatz von Strom und dessen Weiterverteilung auf eine Stufe gestellt würden. Dies bilde die Wettbewerbskräfte nicht korrekt ab, da die Menge des insgesamt handelbaren Stroms durch die stromerzeugenden und -importierenden Unternehmen vorgegeben werde.[101]

---

95 BKartA, Bericht S. 70; BKartA, Beschl. v. 8.12.2011, Az. B8-94/11, Tz. 28 „*RWE/Stadtwerke Unna*".
96 BKartA, Bericht S. 70, Hervorhebung durch d. Verf.; BKartA, Beschl. v. 8.12.2011, Az. B8-94/11, Tz. 28 „*RWE/Stadtwerke Unna*".
97 BKartA, Bericht S. 70; BKartA, Beschl. v. 8.12.2011, Az. B8-94/11, Tz. 28 „*RWE/Stadtwerke Unna*".
98 BKartA, Bericht S. 70, Hervorhebung durch d. Verf.; BKartA, Beschl. v. 8.12.2011, Az. B8-94/11, Tz. 28 „*RWE/Stadtwerke Unna*".
99 BKartA, Bericht S. 70 mit Verweis auf BGH, Beschl. v. 11.11.2008, KVR 60/07 „*E.ON/Stadtwerke Eschwege*"; ebenso BKartA, Beschl. v. 8.12.2011, Az. B8-94/11, Tz. 28 „*RWE/Stadtwerke Unna*".
100 BKartA, Bericht S. 70 mit Verweis auf BGHZ 160, 321, 325 f.
101 BKartA, Bericht S. 70.

2) Begründung des BGH

Bei den vom Amt wiedergegebenen Ausführungen des BGH handelt es sich nur um die Schlussfolgerungen des BGH. In diesen klingt der Grund für die Modifizierung des Bedarfsmarktkonzepts – d. h. die Nichtberücksichtigung von Unternehmen, die nicht selbst Strom erzeugen oder importieren, auf der Anbieterseite – zwar an. Die Gründe und Voraussetzungen derselben benennt der BGH jedoch wesentlich dezidierter: Beim Bedarfsmarktkonzept handele es sich lediglich um ein Hilfsmittel. Es bedürfe daher im Einzelfall einer Korrektur, wenn es nicht geeignet sei, die Frage zu beantworten, ob die Verhaltensspielräume des Unternehmens, dessen marktbeherrschende Stellung geprüft wird, hinreichend durch den Wettbewerb kontrolliert werden. Das gelte „insbesondere dann, *wenn ansonsten der Warenstrom nicht zutreffend dargestellt würde*".[102]

Der vom BGH gebilligte Ausschluss von Mehrfachzählungen ist somit kein kartellrechtliches Dogma. Vielmehr ist der Marktabgrenzung immer der *tatsächliche,* die Verhaltensspielräume der Unternehmen – hier der Erzeuger – determinierende *Warenstrom* zugrunde zu legen. Die Billigung des Erstabsatzmarktkonzepts durch den BGH taugt demgemäß nur dann als tragfähiges Argument für den Fortbestand dieser Marktabgrenzung, wenn das heutige Marktgeschehen noch dem der BGH-Entscheidung zugrundeliegenden tatrichterlich festgestellten Marktgeschehen entspricht, bzw., sollte dies nicht der Fall sein, die insoweit feststellbaren Änderungen den vom BGH angeführten Grund zur Modifikation des Bedarfsmarktkonzepts unberührt lassen.

3) Der vom BGH zugrunde gelegte Warenstrom

Die Abgrenzung des relevanten Marktes obliegt in erster Linie dem Tatrichter, da sie wesentlich von den – tatrichterlich festzustellenden – tatsächlichen Gegebenheiten des Marktes abhängt.[103] Da der BGH insoweit im „Eschwege"-Fall keine Rechtsfehler angenommen hat[104], beruht seine Billigung auf den entsprechenden tatsächlichen Feststellungen des OLG Düsseldorf, d. h. auf dem vom OLG in tatsächlicher Hinsicht festgestellten Marktgeschehen.

Die einleitenden Ausführungen des Berichts zum zeitlichen und sachlichen Kontext der vom Amt im „Eschwege"-Beschwerdeverfahren vorgenommenen

---

102 BGH, Beschl. v. 11.11.2008, KVR 60/07 Tz. 16 *„E.ON/Stadtwerke Eschwege",* Hervorhebung durch d. Verf.

103 BGH, Beschl. v. 11.11.2008, KVR 60/07, Tz. 14 *„E.ON/Stadtwerke Eschwege";* BGHZ 170, 299 *„National Geographic II";* BGHZ 92, 223, 238 *„Gruner+Jahr/Die Zeit I".*

104 BGH, Beschl. v. 11.11.2008, KVR 60/07, Tz. 14; *„ E.ON/Stadtwerke Eschwege".*

und vom OLG gebilligten Marktabgrenzung suggerieren, dass das damals vom OLG festgestellte Marktgeschehen dem von der Sektoruntersuchung betrachteten – wie auch dem heutigen – Marktgeschehen entspricht. Dies ist indes nicht der Fall. Die unbestreitbar richtige Aussage des Amtes, dass es im „Eschwege"-Beschwerdeverfahren 2006 seine Marktabgrenzung änderte[105], verstellt den Blick darauf, dass die tatrichterlichen Feststellungen des OLG Düsseldorf auf einer alten Marktdatenerhebung für das Jahr *2003* (lediglich ergänzend für 2004) beruhen.[106] Diese hatte zwar ergeben, dass sich das Marktgeschehen aufgrund der gestiegenen Bedeutung des Stromhandels verändert habe. Die im Bericht als Begründung für die damalige Änderung der Marktabgrenzung angeführten Änderungen des Marktgeschehens („Veränderungen des Stromvertriebs, vor allem die gegenüber den traditionellen bilateralen Versorgungsverträgen gestiegene Bedeutung des Elektrizitätshandels über die Börse sowie die an Börsenpreisen und Grenzkosten orientierte Kraftwerkseinsatzsteuerung"[107]) spiegeln zwar unstreitig einen Teil des heutigen Marktgeschehens wider. Jedoch hatten die genannten Börsenphänomene in den die Marktabgrenzung des OLG tragenden Gründen keinen Niederschlag gefunden (vgl. hierzu B.V.3)b)).

a) Sachlicher und zeitlicher Kontext der „Eschwege"-Entscheidung

Die ursprüngliche – wie erwähnt im Zuge des Beschwerdeverfahrens geänderte – Marktabgrenzung beruhte auf der hergebrachten vertikalen Gliederung der deutschen Stromwirtschaft. Auf der ersten Marktstufe standen die Stromerzeuger und Importeure, die sog. Verbundunternehmen, denen auf einer zweiten Stufe regionale und lokale Weiterverteiler als Nachfrager gegenüberstanden. Auf einer dritten Marktstufe fragten Endkunden einen Strombezug von weiterverteilenden Unternehmen nach.[108] Die ursprüngliche Marktabgrenzung basierte damit auf der Feststellung, dass den Erzeugern zwei Vertriebskanäle für ihre Erzeugung zur Verfügung standen. Der erste Vertriebsweg bestand im Absatz an Weiterverteiler (klassischerweise Regionalversorger und Stadtwerke), die ihrerseits weitere Stadtwerke und Endkunden belieferten. Aus Sicht der Erzeuger nahmen sie somit die Funktion von Zwischenhändlern ein. Der zweite Vertriebsweg bestand im direkten Absatz an Endkunden.

105 BKartA, Bericht S. 69; zur Abgrenzung des früheren sog. Weiterverteilermarktes s. B.V.3)a).
106 OLG Düsseldorf, Beschl. v. 6.6.2007, Az. VI-2 Kart 7/04 (V), Tz. 31.
107 BKartA, Bericht S. 69. Zum Widerspruch zwischen dem Phänomen der am Börsenpreis orientierten Kraftwerkseinsatzoptimierung und der der Marktabgrenzung zugrundeliegenden physikalisch-technischen Betrachtung des Marktgeschehens s. bereits B.I.
108 Vgl. OLG Düsseldorf, Beschl. v. 6.6.2007, Az. VI-2 Kart 7/04 (V), Tz. 32 *„E.ON/Stadtwerke Eschwege"*.

Im Kern ging es in der „Eschwege"-Entscheidung um die Frage, ob der Erwerb einer Minderheitsbeteiligung an einem potentiellen Abnehmer des ersten Vertriebsweges zu einer wettbewerblich bedenklichen Sicherung des (eigenen) Erzeugungsabsatzes auf diesem Weg führt. Fusionskontrollrechtlich ging es somit um die Wirkungen eines vertikalen Zusammenschlusses. Nach der ursprünglichen Konzeption des Amtes war der Zusammenschluss daher zu untersagen, wenn durch diese Vorwärtsintegration die marktbeherrschende Stellung von E.ON auf dem Weiterverteilermarkt (Markt für die Belieferung von Weiterverteilern durch Verbundunternehmen) gestärkt würde.[109] Vor diesem Hintergrund verwundert es nicht, dass das OLG – bevor es sich überhaupt mit dem Phänomen Stromhandel auseinandersetzte – feststellte, dass strukturell betrachtet in den Jahren 2000 bis 2003 die Konzentration eher zu- als abgenommen habe. Genannt wird zum einen die zusammenschlussbedingte Reduzierung der Anzahl der Verbundunternehmen (und damit größten Erzeuger) von ehemals acht auf vier. Zum anderen ging es auf das gestiegene Ausmaß der vertikalen Integration bei E.ON und RWE sowie den Umstand ein, dass diese Unternehmen bei annähernd 70 % der Stromversorgungsunternehmen, an denen sie Minderheitsbeteiligungen hielten, gleichzeitig die Position des Stromvorlieferanten innehatten.[110]

Auf der Grundlage der im Beschwerdeverfahren durchgeführten Marktdatenerhebung für die Jahre 2003 und 2004 entdeckte das Amt, dass das tatsächliche Marktgeschehen mit der herkömmlichen Marktabgrenzung nicht mehr zutreffend erfasst wurde.[111] Um die ermittelten Ergebnisse einordnen zu können, lohnt ein Blick zurück auf die damalige Marktsituation. Der Stromhandel in seiner heutigen Gestalt war erst im Ansatz erkennbar. Diese Wertung gilt umso mehr, als die Marktdatenerhebung, auf die die Entscheidung gestützt ist, auf die Erfüllung im Jahr 2003 (2004) abstellte. In den Jahren 2003 und 2004 geschlossene Handelsgeschäfte mit Erfüllung in späteren Jahren waren nicht Gegenstand der Abfrage und somit auch nicht Gegenstand der Betrachtung. Die rechtlichen Rahmenbedingungen stellten sich kurz gefasst wie folgt dar: Man befand sich noch im System des verhandelten Netzzugangs. Zwar galt bereits das auf dem Bilanzkreissystem basierende transaktionsunabhängige Netzzugangsmodell der VV II plus vom 13. Dezember 2001. Dabei darf jedoch nicht vergessen werden, dass die Einigung auf dieses Modell in der VV II vom 13. Dezember 1999 die Grundlagen der deutschen Stromwirtschaft revolutioniert hatte. Die Einteilung Deutschlands

---

109 So noch BKartA, Beschl. v. 12.9.2003, Az. B8 - 21/03 „E.ON Mitte/Stadtwerke Eschwege".

110 Vgl. OLG Düsseldorf, Beschl. v. 6.6.2007, Az. VI-2 Kart 7/04 (V), Tz. 33 „E.ON/Stadtwerke Eschwege".

111 BKartA, Die Strommärkte in Deutschland 2003 und 2004, Erhebung des Bundeskartellamts im Zusammenhang mit dem Beschwerdeverfahren E.ON Mitte/Stadtwerke Eschwege (B8 – 21/03 – B), abgedruckt in ZNER 2008, 345 ff.

in zwei Handelszonen und die damit verbundene T-Komponente wurde erst mit der VVII plus aufgehoben. In Ostdeutschland beschränkte die sog. Braunkohleschutzklausel den Stromhandel noch bis in das Jahr 2002 hinein. Parallel zu den konzeptionellen Rahmenbedingungen in den Verbändevereinbarungen mussten die technischen Bedingungen des Zugangs zu den Übertragungsnetzen entwickelt werden, was im Jahr 2000 in die Neufassung des sog. GridCode von 1998 mündete.[112] Vereinfacht gesagt, musste der notwendige, den Handel erst ermöglichende technische und vertragliche Rahmen durch die Marktakteure erst entwickelt und implementiert werden. Zwar gingen die sog. Weiterverteiler mehr und mehr zu einer strukturierten Beschaffung über, jedoch kam den klassischen sog. Vollstromlieferverträgen sicher eine vielfach größere Bedeutung zu als heute, wo sie nur noch bei Endverbrauchern und kleinen und kleinsten lokalen Versorgern in Erscheinung treten dürften. Die Optimierung der Beschaffungs- und Absatzportfolien mit Hilfe der ursprünglich noch zwei Strombörsen in Deutschland und andere Funktionen standen noch am Anfang.[113] Bereits dies legt nahe, dass dem damals von BKartA und OLG identifizierten Stromhandel sowohl quantitativ als auch funktional eine andere Bedeutung zukam als heute und auch schon im Untersuchungszeitraum 2007/2008 der Sektoruntersuchung.

b) Tatrichterliche Feststellungen des OLG Düsseldorf zum Marktgeschehen

aaa) Stromhandel als Vertriebskanal der Erzeuger

Als maßgeblichen Grund für die notwendige Änderung stellte das OLG auf die wachsende Bedeutung des Stromhandels *„auf der Verteilungsstufe (zweite Marktstufe)"* ab. Diese wird auf der Tatsachenebene wie folgt beschrieben: Die Verbundkonzerne gründeten „eigene Handelsunternehmen, die neben konzerneigenen Regionalversorgern auf der Großhandelsstufe Strom an Weiterverteiler sowie unabhängige Händler vertreiben. Außerdem bündelten regionale und lokale Stromversorger ihren Bedarf und schlossen sich zu Einkaufsgemeinschaften zusammen [...]. Derartige Einkaufsgemeinschaften sowie größere Stadtwer-

---

112 Der GridCode wurde 2004 durch den TransmissionCode ersetzt. Vgl. hierzu *Burmeister*, in Horstmann/Cieslarczyk, Energiehandel, Kap. 3 Rn. 23.

113 Jedenfalls die Kraftwerkseinsatzoptimierung am Börsenpreis wurde vom BKartA nicht als Form des Stromhandels erkannt; BKartA, Die Strommärkte in Deutschland 2003 und 2004, abgedruckt in ZNER 2008, 345, 352 führt insoweit mit vgl. Hinweis auf *Schiffer*, Energiemarkt Deutschland, 2005, S. 229 ff. aus: „Grundsätzlich ist zwischen zwei Formen des Stromhandels zu unterscheiden und zwar Stromhandel zur Beschaffungsoptimierung im Rahmen eines Portfoliomanagements oder aber zur Erzielung von Handelsgewinnen."

ke handeln über eine bloße Eigenbedarfsdeckung hinaus neben unabhängigen und Konzernhandelsunternehmen ihrerseits mit Elektrizität. *Weiterverteiler und Stromhändler treten demnach nicht nur als Nachfrager gegenüber Erzeugern, sondern zugleich als Anbieter gegenüber anderen Handelsunternehmen und Weiterverteilern auf.*"[114]

Zwar stellte das OLG auch fest, dass sich „parallel dazu [...] nach 2002 auch die Angebotsstruktur [veränderte]: Vermehrt wurden differenzierte Bezugsverträge über verschiedene Lastbereiche (Grund-, Mittel-, Spitzenlast) mit unterschiedlichen Laufzeiten angeboten, ersichtlich nachgefragt und abgeschlossen." Als „Handelsplätze und -formen" nennt es „die Leipziger Strombörse EEX, Internet und Telefon, Spot- und Termingeschäfte, aber auch sog. OTC (Over-The-Counter)-Geschäfte."[115] Dies wird jedoch nur dahingehend interpretiert, dass sich bei „der *Weiterverteilung* von Strom [...] die Absatzformen und -kanäle, die Bezugsmöglichkeiten und die Zahl der Akteure erweitert" haben.[116] Die zweite Marktstufe sei als „mehrschichtige Verteilungs- oder Distributionsstufe zu bezeichnen, *auf der Weiterverteiler im herkömmlichen Sinn (Regionalversorger und Stadtwerke), Stromhandelsunternehmen und die Verbundunternehmen selbst (diese durch von ihnen beherrschte Stadtwerke, Regionalversorger und eigene Handelsunternehmen)* unabhängig davon, ob sie über eine eigene Verteilnetzstruktur verfügen, *als Anbieter* beim *Verkauf* von Elektrizität (genauer gesagt: von Strombezugsrechten) *an andere, der Distributionsstufe angehörige Unternehmen* und Endkunden tätig sind."[117]

Der Stromhandel wurde somit vom OLG Düsseldorf in tatsächlicher Hinsicht als eine der Erzeugung (und dem Netz) *nachgelagerte*, mit dem Stromvertrieb auf einer Stufe stehende Wertschöpfungsstufe verstanden. Ihren Kraftwerkseinsatz optimierende Erzeuger wurden nicht als Nachfrager genannt. Wettbewerbliche Rückwirkungen der sog. zweiten Marktstufe (Verteilungsstufe) auf die Erzeuger (z. B. Rücklieferungen im Rahmen strukturierter Beschaffung) wurden tatrichterlich nicht festgestellt. Als Marktteilnehmer werden nur „klassische" Energieversorgungsunternehmen oder Zusammenschlüsse solcher Unternehmen aufgezählt. Die auf S. 48 des Berichts genannten sog. „Spekulanten" fehlen in der Aufzählung der Marktteilnehmer. Stromhändler und Weiterverteiler wurden ausschließlich als Zwischenhändler zwischen Erzeugern und Endkunden angesehen. Der Stromhandel wird damit als Vertriebskanal der Erzeuger angesehen. Das

---

114 OLG Düsseldorf, Beschl. v. 6.6.2007, Az. VI-2 Kart 7/04 (V), Tz. 34 „*E.ON/Stadtwerke Eschwege"*, Hervorhebung durch d. Verf.

115 OLG Düsseldorf, Beschl. v. 6.6.2007, Az. VI-2 Kart 7/04 (V), Tz. 34.

116 OLG Düsseldorf, Beschl. v. 6.6.2007, Az. VI-2 Kart 7/04 (V), Tz. 35, Hervorhebung durch d. Verf.

117 OLG Düsseldorf, Beschl. v. 6.6.2007, Az. VI-2 Kart 7/04 (V), Tz. 35, Hervorhebung durch d. Verf.

OLG legt seiner Marktabgrenzung einen Warenstrom zugrunde, der dem eines klassischen Vertriebssystems über mehrere Vertriebskanäle entspricht, bei dem es zu Querlieferungen zwischen den verschiedenen Vertriebskanälen kommt.

Diese Sichtweise auf das Marktgeschehen basiert auf der im Rahmen des Beschwerdeverfahrens durchgeführten Marktdatenerhebung des BKartA und seiner Interpretation der ermittelten Daten.[118]

Die Marktdatenerhebung des Amtes hatte ergeben, dass das Volumen des traditionellen Weiterverteilermarktes, d. h. der Absatz der Erzeuger (und Importeure) an Weiterverteiler, 2003 im Vergleich zum Vorjahresvolumen um ca. 20 % gesunken war.[119] Zur Berechnung des Volumens konnte – entsprechend dem Bild des klassischen Vertriebssystems – entweder auf die Absätze des Erzeugers an die Abnehmer dieser Vertriebsstufe oder aber umgekehrt auf die Bezüge dieser Abnehmer vom Erzeuger abgestellt werden. Der vom Amt als „Kontrollindikator" herangezogene „Nettostromverbrauch" – definiert als Endkundenabsatz aller Unternehmen – war weitgehend unverändert geblieben,[120] ebenso die Stromerzeugung.[121] Da der Weiterverteilermarkt klassischerweise als einer von zwei Wegen betrachtet wurde, wie Strom zum Endkunden gelangt, wäre eine mögliche Erklärung gewesen, dass sich die Erzeuger vermehrt auf die unmittelbare Belieferung von Endkunden, d. h. auf einen Absatz über den zweiten Vertriebsweg verlegt hatten. Die Zahlen widerlegten diese Möglichkeit jedoch deutlich.[122] Die hieraus gezogene Schlussfolgerung des Amtes war, dass es einen weiteren Weg geben musste, wie der Strom vom Erzeuger zum Endkunden kommt.[123] Im Ergebnis kam es zu dem Schluss, dass der Rückgang des Volumens auf dem klassischen Weiterverteilermarkt darin begründet liegen müsse, dass die Erzeuger nunmehr einen weiteren „Vertriebskanal"[124] für den Absatz ihrer Erzeugung benutzen: den Stromhandel.[125]

bbb) Die Mehrfachzählung als Datenerhebungsproblem

Die funktionale Einordnung des Stromhandels als Vertriebskanal der Erzeuger basiert auf der vom BKartA aufgestellten Prämisse, dass es sich beim „Netto-

---

118 BKartA, Die Strommärkte in Deutschland 2003 und 2004, ZNER 2008, 345 ff.
119 BKartA, Die Strommärkte in Deutschland 2003 und 2004, ZNER 2008, 345, 350.
120 BKartA, Die Strommärkte in Deutschland 2003 und 2004, ZNER 2008, 345, 350 (Tab. 2) und 351 (Tab. 3).
121 BKartA, Die Strommärkte in Deutschland 2003 und 2004, ZNER 2008, 345, 352.
122 BKartA, Die Strommärkte in Deutschland 2003 und 2004, ZNER 2008, 345, 351 (Tab. 4 und 5).
123 BKartA, Die Strommärkte in Deutschland 2003 und 2004, ZNER 2008, 345, 346 f.
124 BKartA, Die Strommärkte in Deutschland 2003 und 2004, ZNER 2008, 345, 347.
125 BKartA, Die Strommärkte in Deutschland 2003 und 2004, ZNER 2008, 345, 346 f., 352.

stromverbrauch" um den richtigen „Kontrollindikator" handelt. Dahinter stehen die auch heute noch vom Amt zur Begründung des Erstabsatzmarktkonzepts herangezogene – dennoch falsche – Annahme, dass (physische) Einspeisung und (physische) Entnahme identisch mit Angebot und Nachfrage seien (vgl. bereits oben B.I), und die sich daraus zwangsläufig ergebende Konsequenz, dass das zum Zwecke der Versorgung gehandelte Volumen durch das erzeugte Volumen begrenzt sei.[126]

Auf der Grundlage der funktionalen Einordnung des Stromhandels als Stromvertriebskanal der Erzeuger wäre zu erwarten gewesen, dass die über diesen zusätzlichen Vertriebskanal abgesetzten Mengen die „Lücke" beim Volumen des klassischen Weiterverteilermarktes schlossen. Das hätte schon deshalb nahe gelegen, da das vom Amt im Rahmen der Marktdatenerhebung zur Unterscheidung von Stromhändlern und Weiterverteilern angewandte Kriterium[127] sich als nicht praxistauglich erwies.[128] Ferner wäre zu erwarten gewesen, dass der Absatz der Erzeuger an Stromhändler mengenmäßig den Bezügen der Stromhändler von den Erzeugern entspricht. Das Problem des Amtes bestand darin, dass sich dieser Gleichklang anhand der erhobenen Daten nicht herstellen ließ. Die Lücke im Volumen wurde nicht geschlossen, vielmehr überstieg das Handelsvolumen (definiert als Lieferung an Stromhändler) die gesuchte „fehlende" Absatzmenge um ein Vielfaches. Auch war der ermittelte Absatz der Erzeuger an Stromhändler nicht mit den von den Stromhändlern angegebenen Bezugsmengen identisch.[129]

Dieses aus Sicht des Amtes unbefriedigende Ergebnis führte jedoch nicht dazu, die als Prämisse gesetzte mengenmäßige Abhängigkeit der Unternehmen der Verteilungsstufe (Stromhändler und Weiterverteiler) von den Erzeugern, d. h. den „Kontrollindikator Nettostromverbrauch" in Frage zu stellen. Die aus Sicht eines klassischen Vertriebssystems „fehlerhaften" Ergebnisse wurden nicht als ein die Anwendung dieses Konzeptes in Frage stellendes Phänomen (an-)erkannt. Vielmehr wurde unterstellt, dass es sich nur um ein *Datenerhebungsproblem* handelte. Dieses bestehe darin, dass sich „derjenige Teil der erzeugten Strommenge der weiteren Verfolgung [entzieht], der in den ‚Vertriebskanal Stromhandel' gelangt. Denn es kann im Rahmen der Marktdatenerhebung nicht

---

126 Vgl. BKartA, Die Strommärkte in Deutschland 2003 und 2004, abgedruckt in ZNER 2008, 345, 349: „Das inländische Stromaufkommen der stromversorgenden Unternehmen in den Jahren 2003 und 2003, d. h. der Strom, der in Deutschland für Verteilung und Verbrauch zur Verfügung steht, entspricht der Differenz aus der in diesen Jahren jeweils erzeugten Nettostromerzeugung, vermindert um den jeweiligen Exportüberschuss."

127 Weiterverteiler wurden als Unternehmen mit eigenem Netz bzw. Unternehmen, deren Schwesterunternehmen Inhaber eines Netzes ist, definiert; Stromhändler wurden als Unternehmen definiert, auf die dieses Kriterium nicht zutrifft.

128 Vgl. BKartA, Die Strommärkte in Deutschland 2003 und 2004, ZNER 2008, 345, 351.

129 Vgl. BKartA, Die Strommärkte in Deutschland 2003 und 2004, ZNER 2008, 345, 353.

nachvollzogen werden, ob eine gehandelte Menge X tatsächlich geliefert wird, um direkt den Strombedarf des Käufers zu decken, oder ob dieselbe Menge noch zwei mal weiter verkauft wurde und deswegen mit dem dreifachen Gewicht in ein nach Handelsumsätzen ermitteltes Marktvolumen einging."[130] Die Einstufung als Datenerhebungsproblem ist zwangsläufige Folge der zugrundeliegenden Prämisse. Da jede erzeugte Strommenge letztendlich dem Endkundenverbrauch diene, müsse es „richtige", traditionelle Strombezüge geben, die den Bedarf des traditionelle Weiterverteilers – definiert als Bedarf zur Deckung des physischen Bedarfs seiner Endkunden (physischer Strombezug) – decken, und andere Strombezüge, die nicht der unmittelbaren Deckung eines solchen physischen Bedarfs dienen, sondern lediglich mit dem Ziel des Weiterverkaufs erfolgen. Nur vor diesem Hintergrund wird auch die ansonsten nicht nachvollziehbare, ohne jegliche Erläuterung oder Beleg getroffene Aussage des Amtes verständlich, wonach dem überwiegenden Teil der Stromhandelsgeschäfte die Eigenschaft der physischen Stromlieferung fehle.[131]

Das OLG Düsseldorf und im Anschluss der BGH sind dieser – schon damals – fehlerhaften Interpretation der Daten durch das BKartA gefolgt. Sie gehen davon aus, dass zwar grundsätzlich die Möglichkeit bestehe, das Problem der Mehrfachzählungen auf der Distributionsstufe zu beseitigen. Dies sei jedoch mit einem unzumutbarem Aufwand verbunden, da jedes einzelne auf dieser Stufe getätigte Geschäft daraufhin überprüft werden müsste, welche der „eingekauften Liefermengen jeweils zur Versorgung der Endkunden verwendet" wurden.[132] Den Gedanken konsequent zu Ende geführt, wäre eine solche Nachverfolgung der Lieferkette jedoch nicht nur mit unzumutbarem Aufwand verbunden, sondern unmöglich[133], da nur die von den Endkunden beliefernden Vertrieben eingekauften Mengen diesem Prüfkriterium genügen würden. Der dem erstmaligen Absatz der erzeugten Strommenge gegenüberstehende Bezug des Händlers würde diesem Prüfkriterium gerade nicht entsprechen.

ccc) Mengen- und preismäßige Abhängigkeit von den Erzeugern

Das OLG stellte die die mengenmäßige Abhängigkeit der Unternehmen der zweiten Marktsstufe von den Erzeugern begründende Prämisse des BKartA in tat-

---

130 BKartA, Die Strommärkte in Deutschland 2003 und 2004, abgedruckt in ZNER 2008, 345, 352.

131 BKartA, Die Strommärkte in Deutschland 2003 und 2004, abgedruckt in ZNER 2008, 345, 352.

132 BGH, Beschl. v. 11.11.2008, Az. KVR 60/07, Tz. 13. Vgl. bereits OLG, Beschl. v. 6.6.2007, Az. VI-2 Kart 7/04, Tz. 36.

133 Zur Unmöglichkeit einer solchen Nachverfolgung der Lieferkette unter Berücksichtigung der Natur des Bilanzkreises als Kontierungssystem vgl. B.III.3) a. E.

sächlicher Hinsicht nicht in Frage. Insofern stellt es lapidar fest, dass feststehe, „dass sich der *Stromhandel* immer nur auf die *tatsächlich erzeugten und* letztlich *verbrauchten Strommengen* erstrecken kann".[134] Die Verteilungsstufe sei von der Stufe der Elektrizitätserzeugung, „namentlich davon abhängig [...], welche Strommengen produziert werden".[135] Das OLG bejaht in tatsächlicher Hinsicht auch die preismäßige Abhängigkeit der zweiten Marktstufe von der Stufe der Elektrizitätserzeugung. Diese sei namentlich davon abhängig, zu welchen Konditionen die produzierten Strommengen beim erstmaligen Absatz in den Handel gelangen".[136]

Das OLG untermauert die angenommene mengen- und preismäßige Abhängigkeit mit der – wohl auf eigener Anschauung basierenden – wirtschaftlichen Erfahrung, wonach mit Strom handelnde Unternehmen von Stromerzeugern nur insoweit beliefert würden, wie die dadurch zu erwirtschaftenden Erlöse höher seien als die ersparten eigenen Verteilungs- und sonstigen Transaktionskosten. Soweit infolgedessen allerdings eigene Abnehmer verloren zu gehen drohten, würde der Erzeuger die Stromabgabemengen erfahrungsgemäß reduzieren oder diese verteuern.[137] Diese Ausführung zeigen bereits, wie weit entfernt die damaligen Überlegungen vom heutigen Marktgeschehen sind. Es ist gerade Ausdruck des Stromhandels, dass er mit beliebigen Handelspartnern erfolgt. Auch für den Erzeuger ist seit der Marktliberalisierung nicht nachvollziehbar, an welche Endabnehmer seine Verkaufsmengen letztlich gehen, inwieweit also von Verkäufen an mit Strom handelnden Unternehmen „eigene Abnehmer" berührt wären. Die Verfolgung der vom OLG beschriebenen Mengen- und Preisstrategie für Erzeuger wäre unter den heutigen Marktbedingungen aussichtslos.

Die preismäßige Abhängigkeit beruht – wie die Auseinandersetzung mit den hiergegen erhobenen Einwendungen der Beteiligten belegt – auf der tatrichterlichen Feststellung, dass Unternehmen der zweiten Marktstufe – jedenfalls ganz überwiegend – nur dann Strommengen kontrahieren, wenn diesem Bezug zeitgleich ein entsprechendes gesichertes Absatzvolumen gegenübersteht. Dies gilt es zu betonen, zeigt es doch zum einen, dass das OLG die Abhängigkeit von der Erzeugungsstufe – anders als offensichtlich das Amt 2011[138] – nicht als ein physikalisches und damit unumstößliches Prinzip, sondern vielmehr als das Ergebnis des von ihm in tatsächlicher Hinsicht festgestellten (damaligen) Marktgeschehens ansieht. Zugleich zeigt die Auseinandersetzung mit den Einwendungen der Be-

---

134 OLG Düsseldorf, Beschl. v. 6.6.2007, Az. VI-2 Kart 7/04 (V), Tz. 36, Hervorhebung durch d. Verf.
135 OLG Düsseldorf, Beschl. v. 6.6.2007, Az. VI-2 Kart 7/04 (V), Tz. 37.
136 OLG Düsseldorf, Beschl. v. 6.6.2007, Az. VI-2 Kart 7/04 (V), Tz. 37.
137 OLG Düsseldorf, Beschl. v. 6.6.2007, Az. VI-2 Kart 7/04 (V), Tz. 37.
138 BKartA, Bericht, S. 70.

teiligten auch auf, unter welchen Voraussetzungen, d. h. bei Vorliegen welcher Umstände, jedenfalls die preismäßige Abhängigkeit von der Erzeugungsstufe und damit die Marktabgrenzung selbst, nach Auffassung des OLG in Frage gestellt wäre. Hierzu führt es aus: „Die Abhängigkeit wird nicht dadurch in Frage gestellt, dass – wie die Beteiligten behaupten – der Handel die *theoretische Möglichkeit* hat, Strombezugsrechte *ohne bereits bestehende Absatzbindungen* gewissermaßen auf Vorrat zu erwerben. Dies kann nur auf dem Weg von vertraglich vereinbarten Bandlieferungen oder von Termingeschäften geschehen. Dass über derartige Geschäfte ein so erheblicher Teil des Strombezugs von der Erzeugerstufe abgewickelt wird, dass davon nennenswerte Auswirkungen auf die Marktabgrenzung ausgehen, haben die Beteiligten aber nicht vorgetragen."[139] Wie noch zu zeigen sein wird, ist diese Situation mittlerweile unzweifelhaft – auch nach den Feststellungen des Berichts – gegeben (s. hierzu B.V.5)a)).

Da mangels hinreichenden, das BKartA widerlegenden Vortrags der Beteiligten die Abhängigkeit der Distributionsstufe tatrichterlich festgestellt wurde, konnte diese vor dem BGH revisionsrechtlich nicht mehr in Zweifel gezogen werden.

4) Berechtigung des Ausschlusses von Mehrfachzählungen im klassischen vertikalen Vertriebssystem

Angesichts des vom OLG Düsseldorf tatrichterlich festgestellten Warenstroms ist die vom BGH vorgenommene Gleichsetzung mit dem seiner „Staubsaugerbeutelmarkt"-Entscheidung[140] zugrundeliegenden Sachverhalt nachvollziehbar und richtig. Beide Fälle stellten sich für ihn als „klassische Vertriebssysteme" dar. Das klassische Vertriebssystem ist dadurch gekennzeichnet, dass die gesamte (auch auf nachfolgenden Stufen) gehandelte Ware vom Hersteller stammt und dass zwischen Hersteller und Abnehmer eine eindirektionale Lieferbeziehung besteht (Querlieferungen erfolgen erst auf einer nachfolgenden Stufe). Wird zur Ermittlung des Marktvolumens auf die Bezüge der Händler abgestellt, ergibt ein Vergleich mit dem vom Hersteller abgesetzten Warenvolumen das Phänomen der Mehrfachzählung.

Der Ausschluss der Mehrfachzählungen ist jedoch, wie auch der BGH betont hat, kein Selbstzweck mit der Folge, dass Mehrfachzählungen aus Rechtsgründen immer ausscheiden müssten. Dies ist vielmehr abhängig von der Frage, ob bzw.

139 OLG Düsseldorf, Beschl. v. 6.6.2007, Az. VI-2 Kart 7/04 (V), Tz. 41, Hervorhebung durch d. Verf.
140 BGHZ 160, 321, 325 f.

inwieweit die die „Mehrfachzählung" verursachenden Querlieferungen zwischen den verschiedenen Vertriebskanälen den Verhaltensspielraum des Herstellers beim Absatz seines Produkts an den jeweiligen Vertriebskanal begrenzen.[141] Im klassischen Vertriebssystem wird aufgrund allgemeiner wirtschaftlicher Erfahrung davon ausgegangen, dass solche Querlieferungen den Verhaltensspielraum des Herstellers nicht begrenzen, da die querliefernden Anbieter des Produkts mengen- wie preismäßig vom Hersteller abhängig sind.[142] Sie sind nicht zu berücksichtigen, da sie keinen wettbewerblichen Effekt auf das Verhalten der Erzeuger haben.[143] Im klassischen Vertriebssystem ist diese Sichtweise nicht zu beanstanden. Dort ist eine Marktabgrenzung, die dazu führt, dass Erzeuger und Weiterverkäufer auf eine Handelsstufe gestellt werden, fehlerhaft.[144]

In klassischen Vertriebssystemen ist die vom Hersteller abgesetzte Menge an die konkret relevante Absatzstufe ein entscheidender Indikator für die vorhandenen Verhaltensspielräume, da sie letztlich das Ergebnis des Wettbewerbsprozesses zwischen den Herstellern auf dieser Absatzstufe widerspiegelt. Bei der Ermittlung dieser Verhaltensspielräume ist das Bedarfsmarktkonzept im Grunde nicht der Ausgangspunkt der Überlegungen, auch wenn es regelmäßig als Definition des sachlich relevanten Marktes den weiteren Ausführungen vorangestellt wird.

Zur Ermittlung des für den konkreten Fall relevanten Marktvolumens und des Anteils des jeweiligen Herstellers hieran wird daher zunächst regelmäßig die für den konkreten Fall relevante Abnehmergruppe, d. h. die Marktgegenseite, ermittelt. Insoweit sind der mögliche relevante Markt und dessen maximales Volumen durch die Absätze sämtlicher Hersteller dieses Produktes an die so definierte Marktgegenseite begrenzt. Dabei können das Gesamtmarktvolumen und der Anteil des Herstellers hieran (Marktanteil als Indikator des Ergebnisses des Wettbewerbs der Hersteller auf dieser Absatzstufe) auf zwei Wegen ermittelt werden. Der erste besteht darin, die Absätze der einzelnen Hersteller an die Marktgegenseite zu ermitteln. Der zweite besteht darin, die Bezüge der Marktgegenseite vom jeweiligen Hersteller zu ermitteln. Bei korrekter Marktdatenerhebung müssen beide Wege zwangsläufig sowohl hinsichtlich des Marktvolumens als auch hinsichtlich der jeweiligen Anteile der Hersteller hieran zu gleichen Ergebnissen führen.

---

141 Vgl. BGH, Beschl. v. 11.11.2008, KVR 60/07, Tz. 17 ff „E.ON/Stadtwerke Eschwege"; BGH, Beschl. v. 5.10.2004, BGHZ 160, 325 f. „Staubsaugerbeutelmarkt".
142 Vgl. BGH, Beschl. v. 5.10.2004, BGHZ 160, 325 f. „Staubsaugerbeutelmarkt"; BGH, Beschl. v. 11.11.2008, KVR 60/07, Tz. 18 f. „E.ON/Stadtwerke Eschwege".
143 Vgl. BGH, Beschl. v. 5.10.2004, BGHZ 160, 325f. „Staubsaugerbeutelmarkt"; BGH, Beschl. v. 11.11.2008, KVR 60/07, Tz. 18 f. „E.ON/Stadtwerke Eschwege".
144 Vgl. BGH, Beschl. v. 5.10.2004, BGHZ 160, 325f. „Staubsaugerbeutelmarkt"; hierauf abstellend BGH, Beschl. v. 11.11.2008, Az. KVR 60/07, Tz. 18 „E.ON/Stadtwerke Eschwege".

Erst in einem zweiten Schritt ist entsprechend dem Bedarfsmarktkonzept auf die Austauschbarkeit der Produkte aus der Sicht der Abnehmer abzustellen. Bei unterschiedlichen Abnehmerkategorien und Angebotsformen des Produkts, d. h. unterschiedlichen Vertriebskanälen/Handelsstufen, kann dies im klassischen Vertriebssystem nur zu einer Verringerung des relevanten Marktvolumens führen, nicht aber zu einer Ausweitung des zunächst als relevant definierten Marktvolumens.[145] Das ergibt sich bereits daraus, dass anderenfalls die beiden Möglichkeiten zur Bestimmung des Marktvolumens und des Anteils des Herstellers hieran zu unterschiedlichen Ergebnissen führen würden. Der ermittelte Absatz der Hersteller wäre geringer als die ermittelten Bezüge. Im klassischen Vertriebssystem spricht ein solches Ergebnis für Querlieferungen zwischen den einzelnen Vertriebskanälen des Herstellers. Führt die Ermittlung des Marktvolumens anhand der aus der Sicht der Abnehmer austauschbaren Bezüge zu einem größeren Marktvolumen als bei einer Ermittlung anhand der Absätze der Hersteller, liegt eine Mehrfachzählung vor. Ein Ausschluss solcher Mehrfachzählungen bei der Marktabgrenzung bedeutet somit, dass zur Ermittlung des Marktvolumens der Weg über die Absätze der Hersteller zu beschreiten ist.

Bezogen auf das vom BKartA als Datenerhebungsproblem eingestufte Problem der Doppelzählungen bedeutet dies, dass der Ausschluss der sog. Zweitgeschäfte darauf zurückzuführen ist, dass mit zumutbarem Aufwand nicht ermittelbar ist, welcher Bezug als ein solcher vom Hersteller und welcher als eine Querlieferung einzustufen war. Da es bei der Ermittlung des Marktvolumens und des jeweiligen Anteils der Hersteller hieran keinen Unterschied machen kann, welcher der zwei möglichen Wege zur Bestimmung derselben eingeschlagen wird, bedeutet das ausschließliche Abstellen auf die Erzeugung somit nur, dass man, weil besser fassbar, den Weg der Ermittlung der Absätze, nicht der Bezüge beschreitet. Dem sog. Erstabsatz*markt* fehlt somit nicht, worauf seine Definition als „Erzeugung" hindeuten könnte, die Marktgegenseite. Marktgegenseite sind vielmehr alle Unternehmen der zweiten Stufe. Unklar ist nur, welches Unternehmen im Einzelfall welche Mengen von den Erzeugern gekauft hat, da dies mit zumutbarem Aufwand nicht ermittelt werden kann.

Letztlich erschöpft sich damit die Aussage des BGH zum aus Rechtsgründen notwendigen Ausschluss von Mehrfachzählungen sowohl in der „Eschwege"- wie auch in der „Staubsaugerbeutelmarkt"-Entscheidung darin, dass im klassischen vertikalen Vertriebssystem aufgrund der mengen- und preismäßigen Abhängigkeit der zweiten Marktstufe von den Herstellern zur Ermittlung des Marktvolumens auf die Absätze der Erzeuger und nicht auf die Bezüge der Abnehmer abzustellen ist.

---

145 Etwas anderes kann nur in dem hier nicht relevanten Fall gelten, wenn das Bedarfsmarktkonzept dazu führt, dass zusätzliche – nicht in die erstmalige Bestimmung des maximalen Marktvolumens einbezogene – Produkte in den Markt einbezogen werden.

5) Bedeutung der Billigung des Erstabsatzmarktes durch den BGH

a) Bedeutung vor dem Hintergrund des heutigen Marktgeschehens

Mit Blick auf das tatsächliche Marktgeschehen gibt die von OLG und BGH zugrunde gelegte Beschreibung des Marktgeschehens die tatsächlichen Warenströme und damit auch die auf die Erzeuger wirkenden Wettbewerbskräfte nur unvollständig wieder.

Erzeuger treten – anders als vom OLG und dem BGH angenommen – nicht nur als Anbieter, sondern auch als Nachfrager am Markt auf. Dies ist zum einen der Fall bei ungeplanten Nichtverfügbarkeiten von Kraftwerkskapazitäten; zum anderen aber regelmäßig im Rahmen der Kraftwerkseinsatzoptimierung nach dem Börsenpreis. Dieses Phänomen erkennt im Übrigen auch das Amt in seinem Bericht an anderer Stelle explizit an[146], ohne hieraus jedoch die notwendige Konsequenz im Rahmen der Marktabgrenzung zu ziehen. Berücksichtigt man die Erzeuger auch in ihrer Eigenschaft als Nachfrager, wird nämlich deutlich, dass es sich beim Stromhandel nicht bloß um einen der Erzeugung nachgelagerten Markt handelt. Die Funktion des Stromhandels erschöpft sich nicht in derjenigen eines Stromvertriebskanals der Erzeuger. Bei Zugrundelegung dieser Erkenntnis bricht einer der wesentlichen Eckpfeiler des Erstabsatzmarktkonzepts weg.

Die vom OLG Düsseldorf als lediglich „theoretisch" bezeichnete Möglichkeit, Strombezugsrechte (richtigerweise Strommengen, vgl. hierzu B.II) ohne bereits bestehende Absatzbindung gewissermaßen auf Vorrat zu erwerben[147], ist mittlerweile in ganz beträchtlichem Umfang praktizierte Realität. So spielen die vom OLG jedenfalls nicht explizit erwähnten Unternehmen ohne (konzern-) eigene Erzeugungs- oder Endkundenvertriebsinteressen – im Bericht auf S. 48 als „Spekulanten" bezeichnete Stromhändler wie z. B. Banken – heute sowohl zahlenmäßig als auch im Hinblick auf das von ihnen physisch[148] gehandelte Volumen eine bedeutende Rolle. Es liegt auf der Hand, dass in Spekulationsabsicht getätigte Käufe oder Verkäufe ohne zeitgleiche absichernde Verkaufs- oder Kaufvolumina abgeschlossen werden, da – entgegen der Auffassung des Amtes – nicht „der zu einem bestimmten Zeitpunkt *erzeugte und verbrauchte Strom* einen einheit-

---

146 Vgl. z. B. BKartA, Bericht S. 59 ff.; S. 60: „So wird beispielsweise ein Kraftwerksbetreiber auch bei langfristigen Lieferverpflichtungen ein eigenes Kraftwerk nicht zur Erfüllung dieser Verpflichtungen einsetzten, sofern er in der Lage ist, die Lieferverpflichtung durch ein Handelsgeschäft an der Börse günstiger zu erfüllen als es mit dem eigenen Kraftwerk der Fall ist."

147 OLG Düsseldorf, Beschl. v. 6.6.2007, Az. VI-2 Kart 7/04 (V), Tz. 41 „*E.ON/Stadtwerke Esch-wege*".

148 Diese Händler sind nicht nur im finanziellen Handel tätig.

lichen Preis hat"[149], sondern wegen seiner Homogenität der in einem bestimmten Zeitpunkt auf einem bestimmten Markt *gehandelte Strom* einen einheitlichen Preis hat (vgl. hierzu bereits B.I). Des Weiteren vermarkten viele Erzeugungsunternehmen – auch und gerade die konzernangehörigen – ihre Kapazitäten mittlerweile eigenständig und unabhängig von verbundenen Vertriebsunternehmen im Großhandel an beliebige Handelspartner. Nichts anderes bedeutet die vom Amt auf S. 50 des Berichts getroffene Aussage, dass viele Stromerzeuger „einen wesentlichen Teil ihrer erzeugten Strommengen[150] bereits weit im Voraus des Erfüllungszeitraumes auf Termin [verkaufen], um sich von den oftmals recht großen Preisschwankungen am Spotmarkt unabhängiger zu machen." Von der anderen Seite her betrachtet sind solche Termingeschäfte auch für die Käufer sinnvoll. Dies ist z. B der Fall bei Terminverkäufen an Vertriebe, die Endkunden beliefern, und die bewusst, gemessen an ihrem bereits kontrahierten sicheren Absatzvolumen, eine Longposition[151] eingehen, weil sie erwarten, bis zum Lieferzeitpunkt entweder ein entsprechendes Absatzvolumen aufzuweisen oder den überschüssigen Anteil ihrer „Vorratskäufe" wieder im Großhandel – ggf. mittelbar über den Day-Ahead-Spot auch wieder an Erzeuger – zurückverkaufen zu können. Aber auch ohne Eingehen von Longpositionen dienen Terminkäufe von Vertrieben deren Preisabsicherung, denn sie decken sich damit zu einem festen Preis ein. Die vom Amt selbst in diesem Zusammenhang anerkannte kontinuierliche Preisbildung am Terminmarkt[152] widerlegt die das Erstabsatzmarktkonzept mit tragende Begründung, dass sich der Strompreis allein aus Erzeugung und Verbrauch im Erfüllungszeitpunkt ergibt.

Das aktuelle Marktgeschehen entspricht somit nicht demjenigen, das der Billigung des Erstabsatzmarktes durch den BGH zugrunde lag. Bereits aus diesem Grund kann der Billigung durch den BGH nicht die vom Amt beigemessene Bedeutung für die aktuellen Marktgegebenheiten zukommen.

b) Unterschiede zwischen klassischem Warenvertrieb und dem heutigen Stromgroßhandel

Der Billigung des Erstabsatzmarktes durch den BGH liegt die Vorstellung zugrunde, dass es sich beim Stromgroßhandel um ein klassisches Vertriebssystem der Erzeuger handelt. Dies ist indes nicht der Fall. Die ein klassisches Vertriebssystem prägenden Elemente, insbesondere die mengen- und preismäßige Ab-

---

149 BKartA, Bericht S. 47, Hervorhebung durch d. Verf.

150 Die Aussage ist natürlich insoweit nicht korrekt, als im Voraus nicht bereits „erzeugte Strommengen" verkauft werden können. Zur „richtigen" Reihenfolge s. B.I.

151 D. h. die beschaffte Menge übersteigt die in demselben Zeitpunkt gesicherte Absatzmenge.

152 BKartA, Bericht S. 50.

hängigkeit der die Herstellerware weiterverteilenden Abnehmer, welche es nach Auffassung des BGH aus Rechtsgründen verbieten, bei der Marktabgrenzung Hersteller und Weiterverteiler auf eine Stufe zu stellen, treffen – jedenfalls bei Zugrundlegen des heutigen realen Marktgeschehens – auf den Strommarkt nicht zu.

Im klassischen Vertriebssystem für klassische, d. h. einem bestimmten Hersteller zuorden- und lagerbare, Produkte wird implizit davon ausgegangen, dass der Hersteller ausschließlich seine Produkte vermarktet (verkauft und liefert). Die Erfüllung seiner Lieferpflicht setzt also eine eigene Herstellung voraus. Vertriebssysteme sind daher typischerweise dadurch gekennzeichnet, dass der Absatz des Herstellers immer nur eindirektional vertikal auf nachgelagerte Stufen erfolgt. Ein Rückkauf der einmal vom Hersteller an einen Händler verkauften Ware durch den Hersteller ist den klassischen Vertriebssystemen fremd.[153] Er wäre auch ökonomisch unsinnig. Da der Hersteller zur Erfüllung seiner Lieferpflicht aus dem (ersten) Kaufvertrag die Ware erst herstellen muss, kann er durch einen Rückkauf keine Kosten sparen. Ganz im Gegenteil müsste er beim Rückkauf der nachgelagerten Marktstufe sogar ihre Vertriebsspanne bezahlen. Vor diesem Hintergrund ist es richtig anzunehmen, dass der Hersteller mit seinem erstmaligen Absatz an die nachgelagerte Stufe die Verkaufsmenge (nach oben) und den Verkaufspreis (nach unten) für alle weiteren Stufen determiniert. Nur unter dieser Prämisse ist die These richtig, dass Mehrfachzählungen einen künstlichen Wettbewerb vorspiegeln, da Mengen zweimal gezählt würden. Eine einmal verkaufte Menge muss auch erzeugt werden, da andernfalls der Hersteller seine Lieferpflicht nicht erfüllen kann. Dies trifft auf den Strommarkt nicht zu. Im Extremfall kann ein Erzeuger seine gesamte Kapazität verkaufen und die daraus resultierende Lieferpflicht erfüllt haben, ohne eine einzige MWh selbst produziert zu haben. Die Herstellung des Produkts ist also nicht Voraussetzung der Erfüllung der Lieferpflicht (gilt für alle homogenen Produkte). Insofern kann von der von einer Person erzeugten Menge nicht auf die von ihr verkaufte Menge geschlossen werden. Dies soll an folgendem Beispiel gezeigt werden: Der Erzeuger verkauft OTC am 1. Februar 2010 eine Bandlieferung von 25 MW für das Kalenderjahr 2011. Zur Erfüllung dieses Vertrages muss er im Jahr 2011 gleichmäßig in jeder Viertelstunde 25 MW in den Bilanzkreis seines Käufers liefern (Fahrplanlieferung). Er hat seine Schuld mit korrekter, den Regularien des ÜNB entsprechender Fahrplananmeldung i. S. d. § 362 BGB erfüllt. Wie er seinen Bilanzkreis ausgleicht, ob durch eigene Erzeugung oder durch einen entsprechenden Fahrplanbezug, bleibt ihm überlassen. Nichts anderes stellt die vom Amt mehrfach erwähnte Kraftwerkseinsatzoptimierung nach dem Börsenpreis dar. Im plakativen Extremfall kann dies dazu führen, dass der Erzeuger keine einzige

---

153 Die Remission beispielsweise im Pressevertrieb ist damit nicht vergleichbar.

MWh produziert, obwohl er seine Kapazität (die 25 MW) vermarktet und durch den von ihm erfüllten Kaufvertrag am Wettbewerb teilgenommen hat. Dies zeigt, dass von der eingespeisten Menge noch nicht einmal auf den Absatz des Erzeugers, geschweige denn auf einen Absatz an eine nachgelagerte Stufe geschlossen werden kann. Damit entfällt im Strommarkt eines der tragenden Elemente des Erstabsatzmarktkonzepts.

Des Weiteren liegt dem klassischen Vertriebssystem immer die Überlegung zugrunde, wie auch der Begriff des „erstmaligen" Absatzes zeigt, dass es der Hersteller ist, der sein Erzeugnis in den Verkehr bringt. Dies entspricht der ökonomisch sinnvollen Überlegung, dass bei Sachen ein Teilnehmer der ersten Vertriebsstufe erst dann Weiterverkäufe an andere Teilnehmer der ersten Vertriebsstufe bzw. an nachgelagerte Vertriebsstufen vornehmen wird, wenn er bereits einen entsprechenden Kaufvertrag – und sei es ein Rahmen- oder Abrufliefervertrag – mit dem Hersteller abgeschlossen hat, da dessen Preis für sein Weiterverkaufsverhalten maßgeblich ist. Auf dieses seinen Überlegungen zugrunde liegende Verständnis hatte bereits das OLG Düsseldorf hingewiesen.[154] Auch diese Vorstellung trifft auf den Strommarkt nicht zu. Stromhandelsgeschäfte auf Termin setzen nicht zwingend voraus, dass ein Händler zunächst zum Preis X kauft und danach zum Preis $X+M_1$ (mit M größer 0) verkauft. Diese Reihenfolge wird er nur wählen, wenn er von steigenden Preisen ausgeht.[155] Genauso gut kann er umgekehrt aber auch einen Gewinn daraus ziehen, dass er in Erwartung sinkender Preise zunächst zum Preis X verkauft und später zum Preis $X-M_2$ kauft.

Im klassischen Vertriebsystem wird ferner vorausgesetzt, dass zwischen den Herstellern üblicher Produkte keine Querlieferungen stattfinden. Soweit bei homogenen Gütern Querlieferungen zwischen den Erzeugern, z. B. bei Engpässen, vorkommen, werden diese nicht in den Markt mit eingerechnet, wenn dabei die Wettbewerbsbedingungen mit denen bei der eigentlichen Vermarktung nicht vergleichbar sind. In der Entscheidung „Messer Griesheim-Buse" hat das BKartA insoweit ausgeführt: „Die hier relevante Marktstufe ist die Herstellerstufe für den Absatz (von Stickstoff) in Tanks und Flaschen an gewerbliche Abnehmer [...]. Ebenfalls werden Kollegenlieferungen bei der Ermittlung des Marktvolumens nicht einbezogen, da die Wettbewerbsbedingungen bei diesem, der eigentlichen Vermarktung vorhergehenden Absatz nicht vergleichbar sind. Derartige Lieferungen würden zudem zu Doppelzählungen führen."[156] Beim gesamten Stromhandel im Vorfeld der Erfüllung sind jedoch die Wettbewerbsbedingungen vergleichbar.

---

154 OLG Düsseldorf, Beschl. v. 6.6.2007, Az. VI-2 Kart 7/04 (V), Tz. 41 „*E.ON/Stadtwerke Eschwege"*.

155 Das Geschäft setzt voraus, dass der Verkäufer im Abschlusszeitpunkt diese Einschätzung nicht teilt, denn sonst würde er nicht unter X+M verkaufen.

156 BKartA, Beschl. 2.8.1988, WuW/E BKartA 2319, 2320.

Elektrische Energie weist in ihrer Kombination sicherlich außergewöhnliche Produktspezifika auf, die sie von „klassischen Vertriebswaren" (wie z. B. Staubsaugerbeutel) unterscheidet. Zu nennen sind die fehlende Lagerbarkeit, ihre Homogenität (Herkunft ist irrelevant, keine Qualitätsminderung während des möglichen Handelszeitraums[157]) sowie der Umstand, dass das Produktionsvolumen jederzeit dem momentanen Bedarf entsprechen muss. Diese Besonderheiten der Ware Strom führen aber – gerade anders als vom Amt angenommen – dazu, dass es im Terminmarkt im Handelszeitraum eines Produktes weder einen einheitlichen Preis noch einen vom Erzeuger bestimmten minimalen Preis gibt. Sie führen vielmehr dazu, dass das zeitlich erste Absatzgeschäft des Erzeugers nicht den niedrigsten Preis der tatsächlichen Stromlieferung bestimmt. Insoweit besteht eine Parallele beispielsweise zu Aktien, bei denen der Preis ebenfalls bei jedem Geschäft neu zustande kommt und der Erstausgabepreis durchaus im Handel unterschritten werden kann. Ähnliches gilt für die Preisbildung von Edelmetallen und anderen homogenen Gütern.

c) Wettbewerbskräfte, die auf Erzeuger im Stromgroßhandel wirken

Laut Bericht betrug das Stromhandelsvolumen der Terminmärkte 2009 über 4.100 TWh.[158] Davon dürfte der größte Teil auf das Erfüllungsjahr 2010 entfallen sein, da das nächste Lieferjahr stets am intensivsten gehandelt wird, und nahezu der gesamte Rest auf die Jahre 2011 und 2012, da noch weiter in der Zukunft liegende Jahre nur wenig gehandelt werden. Das Terminhandelsvolumen in 2009 mit Erfüllung in 2010 dürfte folglich bei wenigstens 2.000 TWh gelegen haben. Der Bericht nennt für 2007 und 2008 jeweils[159] etwas über 500 TWh Netzeinspeisungen. Übernimmt man die 2.000 TWh Terminhandelsvolumen sowie die 500 TWh Netzeinspeisung für das Jahr 2010 und nimmt an, dass von der Netzeinspeisung die Hälfte im Jahr 2009 im Terminmarkt verkauft worden war (die andere Hälfte bereits 2007 und 2008), kommt man auf einen näherungsweisen Anteil der Erstvermarktung der Erzeugung von einem Achtel (250/2000) des gesamten Terminmarktes. Bereits dieser kleine Anteil zeigt, dass die Erzeuger bei der Erstvermarktung erheblichen Wettbewerbskräften ausgesetzt sein müssen, denn ihre Verkaufsangebote sind bei weitem nicht dominant.

Aus der fehlenden Lagerbarkeit (Speicherbarkeit) i. V. m. der Homogenität des Produkts folgt ein zeitlich gestreckter Vermarktungszwang der Erzeuger, wobei die Vermarktung vor dem Produktionszeitpunkt beendet sein muss. Die großen

---

157 Anders bei verderblichen Waren wie beispielsweise Tomaten.
158 BKartA, Bericht Fn. 31 (gut 3.100 TWh OTC), S. 49 (1.000 TWh Börse).
159 BKartA, Bericht S. 42 Tabelle 5 Zeile 8.

Erzeuger verkaufen ihre Kapazitäten nicht auf einen Schlag, sondern verteilt auf etwa drei Jahre. Ein Baseload-Portfolio von beispielsweise 10.000 MW würde gleichmäßig in Tranchen mit rd. 9 MW pro Tag zu vermarkten sein. Eine konzentrierte Vermarktung eines großen Portfolios in Hochpreisphasen (mit kaum vorhersehbarer Dauer) ist kaum möglich, weil dazu das tägliche Angebot vervielfacht werden müsste. Um 10.000 MW binnen dreier Monate zu vermarkten, wäre täglich die zwölffache Menge (rd. 110 MW) unterzubringen. Das verspricht aber kaum Erfolg, da einerseits hohe Preise auch ein vermehrtes Angebot anderer Verkäufer nach sich ziehen und andererseits die Nachfrage bei hohen Preisen eher sinkt. Die Kombination hätte einen starken Preisverfall zur Folge.

An jedem der 1.095 bis 1.096 Handelstage der drei liquiden Jahre bestimmt sich der Preis neu nach den Vorstellungen der handelnden Marktteilnehmer. Was das in der Praxis bedeutet, zeigt die Abbildung 10 des Berichts[160], nach der der – auch für den erstmaligen Verkauf gültige – Preis für eine Jahres-Bandlieferung 2012 zwischen rd. 90 und weniger als 50 €/MWh schwankte. Zwar hat der Erzeuger, der so geschickt war, einige Hundert MW seines Portfolios während der Hochpreisphase zu verkaufen, diesen Erlös sicher. Den weitaus größeren Teil seiner Kapazität mußte er aber wohl oder übel an Tagen mit erheblich geringeren Preisen verkaufen. Aber gleichwohl konnte ein Vertrieb mit vergleichbarem Geschick problemlos Strom für 70, 60 oder noch weniger €/MWh einkaufen und seinerseits vermarkten.

Aus dem Umstand, dass das Produktionsvolumen jederzeit dem momentanen Bedarf entsprechen muss, folgt, dass niedrige Preise auch durch Fehlspekulationen von Händlern eintreten können, die in falscher Erwartung steigender Preise offene Verkaufspositionen eingegangen sind und schließlich zu jedem Preis (am Ende unlimitiert täglich am Spotmarkt) verkaufen müssen, um den gekauften Strom abzustoßen. Dem gleichen Zwang sind Vertriebe systematisch ausgesetzt, die aufgrund strukturierter Beschaffung „überschüssige" Mengen kurz vor dem Erfüllungszeitpunkt im Spotmarkt verkaufen müssen.

d) Ergebnis

Das heutige reale Marktgeschehen weicht grundlegend von den den „Eschwege"-Entscheidungen zugrundeliegenden tatsächlichen Feststellungen ab. Eine genauere Analyse der „Eschwege"-Entscheidungen zeigt, dass sie bei Zugrundelegen des heutigen realen Marktgeschehens gegen die Abgrenzung eines Erstabsatzmarktes sprechen und nicht dafür. Die vom OLG als Grund für die Aufgabe des Erstabsatzmarktes genannte Möglichkeit der Marktteilnehmer, Strommen-

---

160 BKartA, Bericht S. 50.

gen ohne bereits bestehende Absatzbindung gewissermaßen auf Vorrat zu erwerben, ist heute nicht mehr nur eine rein theoretische, sondern eine ganz reale, das Marktgeschehen prägende Möglichkeit. Das tatsächliche Marktgeschehen zeigt, dass die wesentliche Prämisse der Billigung des Erstabsatzmarktkonzepts durch den BGH, nämlich die mengen- und preismäßige Abhängigkeit der Marktgegenseite von den Erzeugern, nicht gegeben ist. Vielmehr wirken heute im Stromgroßhandel starke Wettbewerbskräfte auch auf die Erzeuger. Als Argument für die Richtigkeit des Erstabsatzmarkteskonzepts i. S. d. Ausschlusses sog. „reiner Handelsgeschäfte" taugt die Billigung desselben durch OLG und BGH nicht mehr.

VI. Der „neue" Erstabsatzmarkt: eklatanter Widerspruch zu den das Erstabsatzmarktkonzept tragenden Prämissen

In seinem Bericht hatte das Amt erstmals dargelegt, dass es den Erstabsatzmarkt weiter eingrenzen wolle. Die Regelenergie und die EEG-Strommengen seien nicht Teil des Erstabsatzmarktes. Vielmehr bildeten sie jeweils separate Märkte.[161] Diese „neue" Abgrenzung des Erstabsatzmarktes hat knapp ein Jahr später auch Einzug in die Entscheidungspraxis des Amtes gefunden.[162] Die entsprechenden Strommengen sind bei der Ermittlung des Volumens des Erstabsatzmarktes nicht zu berücksichtigen.[163] Mit dieser Eingrenzung des Erstabsatzmarktes entzieht sich das Amt die argumentativ-konzeptionelle Grundlage für die eigene Marktabgrenzung.

1) Keine Einbeziehung der Regelenergie in den Erstabsatzmarkt

Nach Auffassung des Amtes ist die „Vermarktung von Regelenergie (...) nicht Bestandteil des Erstabsatzmarktes für Strom."[164] Zwar werde Regelenergie „von denselben Kraftwerken erbracht, die auch im *Stromgroßhandel* eingesetzt wer-

---

161 BKartA, Bericht, S. 71 ff.
162 BKartA, Beschl. v. 8.12.2011, Az. B8-94/11, Tz. 29 f. „*RWE/Stadtwerke Unna*".
163 BKartA, Beschl. v. 8.12.2011, Az. B8-94/11, Tz. 11 „*RWE/Stadtwerke Unna*".
164 BKartA, Bericht S. 71; BKartA, Beschl. v. 8.12.2011, Az. B8 - 94/11, Tz. 29 „*RWE/Stadtwerke Unna*".

den. Angebot und Nachfrage von Regelenergie unterliegen jedoch einer Reihe von Besonderheiten, die für einen eigenständigen Markt sprechen."[165]

Wie bereits dargelegt, erfolgt die „Steuerung der an Letztverbraucher gelieferten Elektrizitätsmenge" nicht wie vom Amt angenommen „über die entsprechende Steuerung der Erzeugungs*menge* durch Zu- und Abschalten von Kraftwerken auf der Erzeugungsstufe"[166] im Zuge des Großhandels. Verbrauchen die Kunden einer Regelzone in einer Viertelstunde tatsächlich mehr als insgesamt für diese Zwecke von den Versorgern beschafft wurde, wird dieser zusätzliche Bedarf vom ÜNB als Ausgleichsenergie, d. h. durch Abruf positiver Regelenergie, gedeckt. Da nach Auffassung des Amtes der Regelenergiemarkt einen separaten Markt darstellt, müssen diese Mengen konsequenterweise aus dem Erstabsatzmarkt herausgerechnet werden. Der Bericht sagt nicht positiv aus, dass die Regelenergiemengen aus den Erzeugungsmengen herausgerechnet wurden; mit Blick auf die erhobenen Daten erscheint diese Herausrechnung nicht wahrscheinlich. Im „RWE/Stadtwerke Unna"-Verfahren wurden die Regelenergiemengen nicht einbezogen.[167] Verbrauchen Kunden in einer Regelzone weniger als dafür beschafft wurde, gilt das umgekehrte. Ein Teil der Regelenergie kommt auch für den Ausgleich von EEG-Bilanzkreisen zum Einsatz. Wenn auch der mengenmäßige Effekt begrenzt sein mag, wäre doch eine Auseinandersetzung damit wünschenswert gewesen.

2) Keine Einbeziehung von EEG-Strom

Das Amt geht davon aus, dass die „Erzeugung und Vermarktung von EEG-Strom" nicht Bestandteil des Erstabsatzmarktes seien.[168] Dies ist schon angesichts der eigenen Ausführungen des Amtes schwer nachvollziehbar.

a) Die Argumentation des Amtes

Das Amt untersucht zunächst die „Erzeugung und Einspeisung von EEG-Strom" durch die EEG-Anlagenbetreiber. Die Einbeziehung der EEG-Anlagenbetreiber und der von ihnen eingespeisten Strommengen in den Erstabsatzmarkt erscheine

---

165 BKartA, Bericht S. 71, Hervorhebung durch d. Verf.; BKartA, Beschl. v. 8.12.2011, Az. B8 - 94/11, Tz. 29 „*RWE/Stadtwerke Unna*".

166 BKartA, Bericht S. 70; BKartA, Beschl. v. 8.12.2011, Az. B8 - 94/11, Tz. 28 „*RWE/Stadtwerke Unna*".

167 BKartA, Beschl. v. 8.12.2011, Az. B8 - 94/11, Tz. 43 „*RWE/Stadtwerke Unna*".

168 BKartA, Bericht S. 73; BKartA, Beschl. v. 8.12.2011, Az. B8 - 94/11, Tz. 30 „*RWE/Stadtwerke Unna*".

angesichts der gesetzlichen Rahmenbedingungen nicht sachgerecht. Angesichts des gesetzlichen Einspeisevorrangs und des gesetzlich festgelegten Vergütungsanspruchs (§ 16 EEG) erfolge die Erzeugung und Einspeisung von EEG-Strom „völlig losgelöst von der Nachfragesituation und den Preisen im Stromgroßhandel".[169] Die Betreiber von EEG-Anlagen stünden nicht im Wettbewerb mit der übrigen Stromerzeugung.[170] Während das Amt in seinem Bericht im Rahmen der Marktabgrenzung nicht auf die bereits zum damaligen Zeitpunkt mögliche – wenn auch im Vergleich zu heute deutlich unattraktivere – Direktvermarktung eingeht, deutet es im „RWE/Stadtwerke Unna"-Beschluss bereits an, dass die Direktvermarktung künftig möglicherweise einer „eingehendere[n] wettbewerbliche[n] Einordnung" bedürfe.[171] Dieser Aspekt wurde jedoch mangels Relevanz für die konkrete Entscheidung nicht weiter vertieft.

Sodann stellt das Amt fest, dass auch die „Vermarktung des EEG-Stroms durch die Übertragungsnetzbetreiber" nicht Bestandteil des Erstabsatzmarktes sei. Begründet wird dies damit, dass die Vermarktung durch die ÜNB im Rahmen ihres gesetzlichen Auftrags nach den speziellen Vorgaben von AusglMechV und AusglMechAV erfolge. Als entscheidenden Grund für die Nichteinbeziehung sieht das Amt offensichtlich an, dass die ÜNB gem. § 1 AusglMechAV verpflichtet sind, die gesamten von ihnen abzunehmenden Mengen preisunabhängig an der Strombörse einzustellen.[172] Das Amt erkennt explizit an, dass sich diese Vermarktung „unmittelbar auf die Preisbildung an der Strombörse" auswirkt, da konventionelle Kraftwerke im Umfang des vermarkteten EEG-Stroms aus der Merit Order verdrängt werden.[173] Die ÜNB stünden mit den anderen Anbietern jedoch nicht in Wettbewerb. „Sie haben keine Einflussmöglichkeit auf die angebotene Menge, sondern müssen die gesamte produzierte EEG-Menge abnehmen und vermarkten. Auch bezüglich des Angebotspreises haben sie – abgesehen von einigen Ausnahmestunden – keinerlei Spielräume. Letztlich reichen sie die abgenommenen Mengen nur an die Börse durch."[174] Entstehende Differenzen

---

169 BKartA, Bericht S. 74; BKartA, Beschl. v. 8.12.2011, Az. B8 - 94/11, Tz. 30 „*RWE/Stadtwerke Unna*".

170 BKartA, Bericht S. 73; BKartA, Beschl. v. 8.12.2011, Az. B8 - 94/11, Tz. 30 „*RWE/Stadtwerke Unna*".

171 BKartA, Beschl. v. 8.12.2011, Az. B8 - 94/11, Tz. 30 „*RWE/Stadtwerke Unna*".

172 BKartA, Bericht S. 73 f.; BKartA, Beschl. v. 8.12.2011, Az. B8 - 94/11, Tz. 30 „*RWE/Stadtwerke Unna*". Insoweit erkennt das Amt allerdings bereits die Ausnahme nach § 8 AusgleichsMechAV an: „Eine Ausnahme besteht lediglich übergangsweise für besondere Fälle, in denen erhebliche negative Preise drohen, und auch nur unter engen Voraussetzungen (§ 8 AusglMechAV)."

173 BKartA, Bericht S. 73 mit Verweis auf Abschnitt E.III.4.a.; BKartA, Beschl. v. 8.12.2011, Az. B8 - 94/11, Tz. 30 „*RWE/Stadtwerke Unna*".

174 BKartA, Bericht S. 73; BKartA, Beschl. v. 8.12.2011, Az. B8 - 94/11, Tz. 30 „*RWE/Stadtwerke Unna*".

zwischen Einnahmen und Ausgaben würden zwischen den ÜNB ausgeglichen und letztlich von den Endverbrauchern getragen. „Aufgrund dieser besonderen Regelungen agieren die ÜNB an der Strombörse unabhängig vom Wettbewerbsgeschehen. Sie richten ihr Verhalten nicht an Angebot und Nachfrage, sondern allein an den verordnungsrechtlichen Vorgaben aus."[175] Bei der derzeitigen Ausgestaltung des Ausgleichsmechanismus seien die ÜNB daher bei der Vermarktung des EEG-Stroms nicht als Wettbewerber auf dem Erstabsatzmarkt anzusehen.[176] Während das Amt in seinem Bericht das empirisch feststellbare – und auch nicht in Zweifel gezogene – wettbewerbliche Phänomen der Verdrängung konventioneller Erzeugung durch EEG-Strommengen im Rahmen der normativen Marktbeherrschungsanalyse völlig ausblendet (vgl. hierzu C.V.4)), soll ihm ausweislich der „RWE/Stadtwerke Unna"-Entscheidung künftig im Rahmen der Beherrschungsprüfung Rechnung getragen werden. Insoweit führt es aus: „Auch wenn die Vermarktung von EEG-Strom dem Markt für den Erstabsatz von Strom aus konventionellen Kraftwerken nicht zuzurechnen ist, so wirkt sie sich wettbewerblich auf diesen Markt aus [...] Dies ist bei der Beurteilung der Marktbeherrschung zu berücksichtigen."[177]

b) Wettbewerbliche Würdigung

Dem Amt ist darin zuzustimmen, dass die Betreiber von EEG-Anlagen, sofern und soweit sie die gesetzliche Einspeisevergütung i. S. d. § 16 Abs. 1 EEG in Anspruch nehmen, keine aktuellen Wettbewerber der übrigen Stromerzeuger sind. Angesichts des im Untersuchungszeitraum (2007 und 2008), aber auch im Zeitpunkt der Berichtserstellung, noch geringfügigen Anteils der Direktvermarktung am EEG-Stromaufkommen erscheinen die allein auf § 16 EEG gestützte Betrachtung und die daran anknüpfende Bewertung in Bezug auf die Anlagenbetreiber nachvollziehbar.

Die Nichterfassung der von den ÜNB an der Börse vermarkteten Strommengen vermag dagegen schon angesichts der Begründung des Amtes nicht zu überzeugen. Bei Strom handelt es sich um ein homogenes Gut. Aus der Sicht der Abnehmer spielt die Herkunft des Stroms aus konventionellen oder EEG-Anlagen – jedenfalls auf der hier betrachteten Großhandelsebene – keine Rolle. Nach

---

175 BKartA, Bericht S. 73 f.; BKartA, Beschl. v. 8.12.2011, Az. B8 - 94/11, Tz. 30 „RWE/Stadtwerke Unna" spricht insoweit davon, dass „der Vertrieb des EEG-Stroms an der Strombörse unabhängig vom Wettbewerbsgeschehen" erfolge.

176 BKartA, Bericht S. 74, mit Hinweis darauf, dass dies auch schon unter dem bis zum 31. Dezember 2009 gültigen Ausgleichssystem galt, nach dem die ÜNB verpflichtet waren, den Energieversorgungsunternehmen Monatsbänder zu liefern.

177 BKartA, Beschl. v. 8.12.2011, Az. B8 - 94/11, Tz. 47 „RWE/Stadtwerke Unna".

Auffassung des BGH bedarf das Bedarfsmarktkonzept einer Korrektur, wenn es nicht geeignet ist, die Frage zu beantworten, ob die Verhaltensspielräume des Unternehmens, dessen marktbeherrschende Stellung geprüft wird, hinreichend durch den Wettbewerb kontrolliert werden. Die Einbeziehung weiterer Anbieter auf der Angebotsseite eines Marktes sei dann nicht geboten, wenn von ihnen keine die Verhaltensspielräume der „traditionellen" Anbieter begrenzenden Effekte ausgehen.[178] *Es geht somit um die Wirkungen der zusätzlichen Angebote der ÜNB auf die Erzeuger, nicht um die dahinterstehende Motivation der ÜNB.*[179] Wie das Amt selbst explizit anerkennt, wirken sich die von den ÜNB vermarkteten EEG-Mengen „unmittelbar auf die Preisbildung an der Strombörse" aus, da konventionelle Kraftwerke im Umfang des vermarkteten EEG-Stroms aus der Merit Order verdrängt werden.[180] Eine Verdrängung aus der Merit Order bedeutet nichts anderes, als dass eine bis dahin noch nicht vermarktete Erzeugungskapazität (sieht man vorliegend aus Vereinfachungsgründen vom Intraday-Handel ab) am nächsten Tag nicht produzieren wird. Der konventionelle Erzeuger hat keine Möglichkeit, sich dagegen zu wehren, beispielsweise durch Preisunterbietung. Es sind kaum Fälle vorstellbar, in denen das Verhalten eines Anbieters die Verhaltensspielräume eines anderen Anbieters stärker kontrolliert. Da die Marktabgrenzung der systematischen Ermittlung der relevanten Wettbewerbsverhältnisse dient[181], führt die Ausblendung dieser realen Marktwirkungen zwangsläufig zu einer rechtlich fehlerhaften Marktabgrenzung; diese Fehlerhaftigkeit kann – anders als vom Amt angenommen[182] – nicht durch Berücksichtigung im Rahmen der Beherrschungsprüfung „geheilt" werden (vgl. hierzu C.V.4)).

Der Umstand, dass Angebote unlimitiert an die Börse gestellt werden, ist kein Sonderfall der EEG-Stromvermarktung durch die ÜNB. Sie ist unmittelbarer Ausfluss des Umstands, dass Strom nicht speicherbar ist. Insofern hat der Marktteilnehmer, der kurz vor dem Erfüllungszeitpunkt noch keinen Käufer gefunden hat, nur die Wahl, zwischen „ich akzeptiere jeden Preis und damit auch ggf. einen Verlust" und dem Zahlen von Ausgleichsenergiekosten wegen Bilanzkreisabweichungen und ggf. sogar einer weitergehenden Haftung gegenüber dem ÜNB auf der Grundlage des Bilanzkreisvertrags wegen missbräuchlicher Über- bzw.

---

178 Vgl. BGH, Beschl. v. 5.10.2004, BGHZ 160, 325 f. *„Staubsaugerbeutelmarkt"*.
179 Ähnlich *Säcker*, Marktabgrenzung, Marktbeherrschung, Markttransparenz und Machtmissbrauch auf den Großhandelsmärkten für Elektrizität, S. 47, wonach „die Grade an Handlungs- und Interessenspielraum eines Unternehmens als solche keine geeigneten Kriterien für die Marktabgrenzung [sind], da sie jeden Bezug zu den Marktwirkungen vermissen lassen."
180 BKartA, Bericht S. 73 mit Verweis auf Abschnitt E.III.4.a; BKartA, Beschl. v. 8.12.2011, Az. B8 - 94/11, Tz. 30 *„RWE/Stadtwerke Unna"*.
181 *Säcker*, Marktabgrenzung, Marktbeherrschung. Markttransparenz und Machtmissbrauch auf den Großhandelsmärkten für Elektrizität, S. 17.
182 BKartA, Beschl. v. 8.12.2011, Az. B8 - 94/11, Tz. 47, 58 *„RWE/Stadtwerke Unna"*.

Unterspeisung des Bilanzkreises. Je näher der Erfüllungszeitpunkt rückt, desto weniger Spielraum haben Anbieter mit offenen Positionen, um in ihrem Sinne Einfluss auf Menge und Preis zu nehmen. Den ÜNB geht es wie anderen Stromverkäufern an der Börse, die ÜNB haben bloß seit dem 1. Januar 2010 die gesetzliche Vorgabe, wegen des Einspeisevorrangs das EEG-Stromaufkommen vollständig unter Inkaufnahme auch niedriger, ja sogar negativer, Preise abzusetzen.

In der „RWE/Stadtwerke Unna"-Entscheidung spricht das Amt die neuen Vermarktungsmöglichkeiten für EEG-Strom (Einführung des Marktprämienmodells durch das EEG 2012) kurz an, ohne jedoch dazu Stellung zu beziehen.[183] Für den November 2012 waren Anlagen mit einer Gesamtleistung von 28.750 MW für die Direktvermarktung (in allen Ausprägungen, s. § 33b ff. EEG) angemeldet.[184] Der sprunghafte Anstieg der von den Betreibern von EEG-förderfähigen Anlagen direkt vermarkteten Mengen führt zu einem unmittelbaren Wettbewerb dieser Betreiber mit den übrigen Erzeugern. Jedoch führen die alternativen Vermarktungsformen hinsichtlich der wettbewerblichen Wirkung auf die übrigen Erzeuger zu keinem wesentlichen Unterschied gegenüber der Vermarktung durch die ÜNB. Bei der mit mehr als 80 % dominierenden Windkraft ist der Stromverkauf an der Börse solange lukrativ, bis bei negativen Preisen die negativen „Erlöse" die Marktprämie aufzehren. Das bewirkt denselben Verdrängungseffekt der übrigen Erzeugung mit positiven variablen Kosten wie die Vermarktung durch die ÜNB. Es besteht daher auch kein Anlaß, direktvermarktete Mengen aus dem Erstabsatzmarkt auszugrenzen.

Ferner ist zu berücksichtigen, dass gemäß § 33e EEG Anlagenbetreiber unter Wahrung der Wechselfrist zum jeweiligen Monatsersten beliebig zwischen Direktvermarktung und fester Einspeisevergütung wechseln können. Insofern sind sie jedenfalls potentielle Wettbewerber der konventionellen Stromerzeuger. Im Rahmen der Fusionskontrolle ist dieser Aspekt bei der Frage der Marktabgrenzung und dem Beherrschungsbefund zu berücksichtigen.[185]

c) Implizite Revidierung der Prämisse des Erstabsatzmarktkonzepts

Konzeptioneller Grundpfeiler des sog. Erstabsatzmarktes ist nach Auffassung des Amtes, dass die „auf der Erzeugungsebene produzierte Elektrizität [...] zwecks Erhaltung der Netzstabilität zu jedem Zeitpunkt – abgesehen von system-

---

183 BKartA, Beschl. v. 8.12.2011, Az. B8 - 94/11, Tz. 30 a. E. „RWE/Stadtwerke Unna".

184 Davon 28.002 MW, die das neue Instrument der Marktprämie in Anspruch nehmen wollen, der Rest entfällt auf andere Formen wie das sog. Grünstromprivileg, 22.848 MW entfallen auf Windkraftanlagen. Quelle: http://www.eeg-kwk.net/de/file/Direktvermarktung_November_2012_Internet.pdf.

185 Vgl. zur Berücksichtigung potentiellen Wettbewerbs *Möschel*, in Immenga/Mestmäcker, Art. 82 Rn. 74.

bedingten Verlusten – identisch mit den auf der Endkundenstufe in der Summe nachgefragten Elektrizitätsmengen sein" müsse.[186]

Auf dieser Grundüberlegung beruhte die vom Amt im „Eschwege"-Beschwerdeverfahren eingeführte Annahme, dass der Netto-Stromverbrauch i. V. m. der Erzeugung (und den Netto-Importen) ein tauglicher Kontrollindikator im Rahmen der wettbewerblichen Beurteilung des Marktgeschehens sei. Auf dieser Annahme wiederum beruht die funktionale Einordnung des Stromhandels, welche es rechtfertigt „reine Handelsgeschäfte", d. h. das zwischen der Erzeugungs- und Endverbraucherstufe stattfindende Zweitgeschäft, allein als Querlieferungen auf einer der Erzeugung nachgelagerten Distributionsstufe anzusehen und daher bei der Ermittlung des Marktvolumens auszuklammern. Das Abstellen auf die tatsächliche Erzeugung – d. h. Einspeisung – zur Ermittlung des Marktanteils auf dem Markt für die Belieferung der Händler und Vertriebe auf einer „mehrschichtigen Verteilungs- oder Distributionsstufe"[187] beruht auf der mengenmäßigen Identität zwischen produzierten und entnommenen Elektrizitätsmengen. Das ausschließliche Abstellen auf die Erzeugung ist nur Folge des „Datenerhebungsproblems" (vgl. B.V.3)b)). Diese Argumentationskette setzt jedoch denklogisch voraus, dass der Verbrauch der Endkunden durch die in den Erstabsatzmarkt einbezogenen Mengen gedeckt wird.

Folge der Abgrenzung separater Regelenergie- und EEG-Märkte ist, dass die entsprechenden Strommengen bei der Ermittlung des Volumens des Erstabsatzmarktes nicht zu berücksichtigen sind.[188] Mag der mengenmäßige Effekt bei der Regelenergie begrenzt sein, gilt dies auf keinen Fall für die EEG-Strommengen. So betrug der EEG-Stromanteil am Endkundenverbrauch 2009 16,4 %, im windschwachen Jahr 2010 17,1 %, 2011 20,3 %[189], im ersten Halbjahr 2012 25,1 %[190], und er soll gemäß „Energiewende" weiter kräftig ansteigen. Da die tatsächlich erzeugten Regel- bzw. EEG-Strommengen letztlich auch von den Endverbrauchern entnommen werden, kann das Gleichheitspostulat „auf der Erzeugungsebene produzierte Elektrizität (Erstabsatz) ist identisch mit dem Endkundenverbrauch" offensichtlich nicht mehr aufgehen. Bei Nichteinbeziehung der Regelenergie- und

---

186 BKartA, Bericht S. 70.
187 OLG Düsseldorf, Beschl. v. 6.6.2007, Az. VI-2 Kart 7/04 (V), Tz. 32 „E.ON/Stadtwerke Eschwege".
188 BKartA, Beschl. v. 8.12.2011, Az. B8-94/11, Tz. 11 „RWE/Stadtwerke Unna".
189 Quelle: „Zeitreihen zur Entwicklung der erneuerbaren Energien in Deutschland", Stand Juli 2012, Tab. 2 (http://www.erneuerbare-energien.de/files/pdfs/allgemein/application/pdf/ee_zeitreihe.pdf).
190 Quelle: Anhang zur BDEW-Pressemeldung „Erneuerbare Energien liefern mehr als ein Viertel des Stroms", 26.07.2012, http://www.bdew.de/internet.nsf/id/20120726-pi-erneuerbare-energien-liefern-mehr-als-ein-viertel-des-stroms-de/$file/Strom_Erneuerbaren_Energien_1_Halbjahr_2012.pdf.

EEG-Strommengen in den Erstabsatzmarkt entzieht sich das Amt somit die konzeptionelle Grundlage für das Erstabsatzmarktkonzept.

VII. Ergebnis und Ausblick

Das Erstabsatzmarktkonzept beruht auf unzutreffenden Annahmen über das Marktgeschehen. Bei genauer Analyse der „Eschwege"-Entscheidung des OLG Düsseldorf zeigt sich, dass sie unter den heutigen Bedingungen gegen die Abgrenzung eines Erstabsatzmarktes spricht und nicht dafür.

Vor diesem Hintergrund wäre zu wünschen, dass das Amt seine im Hinblick auf die Großhandelsmärkte getätigte Aussage, dass eine sachliche und räumliche Marktabgrenzung zwar bisher für die kartellrechtliche Aufsicht nicht erforderlich war, dass aber gleichwohl Änderungen der tatsächlichen Rahmenbedingungen Modifikationen der sachlichen und räumlichen Marktabgrenzung für die Zukunft nicht ausschließen[191], ernst nimmt. Die in der „RWE/Stadtwerke Unna"-Entscheidung angedeutete Marktabgrenzung nach Erzeugungsstufe (Erstabsatzmarkt) und Distributionsstufe (Handelsmarkt) ist jedoch keine tragfähige, den tatsächlichen Rahmenbedingungen Rechnung tragende Fortentwicklung. Bei Berücksichtigung der seit einigen Jahren tatsächlich bestehenden – bisher aber jedenfalls im Rahmen der sachlichen Marktabgrenzung ignorierten – Rahmenbedingungen ist das Erstabsatzmarktkonzept zugunsten eines einheitlichen Stromgroßhandelsmarktes, welcher sowohl auf Anbieter- als auch auf Nachfragerseite sämtliche Strom liefernden bzw. Strom beziehenden Unternehmen erfasst, seien sie nun Erzeuger, Händler, Vertriebe, Übertragungsnetzbetreiber oder große (selbst im Großhandel aktive) Endkunden, aufzugeben. Dies gilt umso mehr, als das Amt die realen, auch auf die Erzeuger wirkenden Handelskräfte im Rahmen der neuen räumlichen Marktabgrenzung explizit anerkennt. Insofern ist nämlich nicht nachvollziehbar, weshalb der „Stromhandel und der sich dabei bildende Preis" zwar ein „wichtiger Indikator für die Abgrenzung des räumlich relevanten Marktes", d. h. die räumliche Abgrenzung des Erstabsatzmarktes, sein[192], für die sachliche Marktabgrenzung desselben jedoch keinerlei wettbewerbliche Funktion haben soll. Insoweit ist die Argumentation des Amtes schlicht widersprüchlich. Einerseits erkennt das Amt im Rahmen der räumlichen Marktabgrenzung an, dass im Spothandel Marktkräfte auf die Erzeuger wirken[193], was nichts anderes bedeutet, als dass selbst bei kurz vor dem Erfüllungszeitpunkt stattfindenden

191 BKartA, Bericht S. 71.
192 BKartA, Bericht S. 78.
193 BKartA, Bericht S. 78.

Geschäften die Erzeuger weder die Menge noch den Preis determinieren. Die Leugnung eben solcher Marktkräfte ist andererseits tragende Rechtfertigung für den Ausschluss der reinen Handelsgeschäfte. Insofern wäre es wünschenswert, wenn die im Rahmen der räumlichen Marktabgrenzung getroffenen Feststellungen künftig auch zu den entsprechenden Schlussfolgerungen im Hinblick auf die sachliche Marktabgrenzung führen würden.

C. Einzelmarktbeherrschung durch mehrere Unternehmen

Klassischerweise werden sowohl im deutschen wie auch im europäischen Kartellrecht zwei Arten von Marktbeherrschung unterschieden: die Einzelmarktbeherrschung und die kollektive (gemeinsame) Marktbeherrschung. Insofern bedarf die damals von der 10. Beschlussabteilung im Bericht erstmals angenommene und nunmehr auch von der 8. Beschlussabteilung in der „RWE/Stadtwerke Unna"-Entscheidung rezipierte und erläuterte[194] Rechtsfigur der Einzelmarktbeherrschung durch mehrere Unternehmen der kritischen Würdigung. Dies gilt zum einen hinsichtlich der Annahme, dass diese dritte Form der Marktbeherrschung in der Rechtsprechung anerkannt (s. hierzu C.I), jedenfalls aber mit ihr vereinbar sei (s. hierzu C.II), zum anderen hinsichtlich des vom Amt erstmalig zur Messung von Marktmacht angewendeten Residual Supply Index (RSI) und der Heranziehung desselben für die Feststellung von Marktbeherrschung (s. hierzu C.III und IV).

I. Die mehrfache Einzelmarktbeherrschung: eine in der Rechtsprechung anerkannte Rechtsfigur?

Die Beschlussabteilung 10 bzw. nunmehr 8 nimmt an, dass E.ON, RWE, Vattenfall in den Jahren 2007 und 2008 und im Jahr 2007 auch EnBW – trotz Marktanteilen von 12 bis maximal 36 %[195] – jeweils individuell über marktbeherrschende Stellungen auf dem Erstabsatzmarkt verfügten.[196] Dass im Einzelfall auch mehrere Unternehmen individuell marktbeherrschend im Sinne von § 19 GWB, Art. 102 AEUV sein könnten, wenn sie „neben- oder unabhängig voneinander die Möglichkeit [haben], wirksamen Wettbewerb zu verhindern", sei

---

194 BKartA, Beschl. v. 8.12.2011, Az. B8-94/11, Tz. 52 ff. „*RWE/Stadtwerke Unna*".

195 BKartA, Bericht S. 96. Zu den Marktanteilen im Einzelnen s. Bericht S. 90. Bzgl. der Kapazitäten geht das Amt für die Jahre 2007 (2008) von folgenden Marktanteilen aus: RWE 34 % (33 %), E.ON 23 % (23 %), Vattenfall 17 % (16 %), EnBW 12 % (12 %). Bzgl. der erzeugten Mengen geht es in den Jahren 2007 (2008) von folgenden Marktanteilen aus: RWE 35 % (36 %), E.ON 23 % (22 %), Vattenfall 17 % (15 %), EnBW 12 % (12 %).

196 BKartA, Bericht S. 104; BKartA, Beschl. v. 8.12.2011, Az. B8-94/11, Tz. 56 „*RWE/Stadtwerke Unna*".

in der Rechtsprechung des BGH anerkannt[197]. Entgegen der Auffassung des Amtes stützen weder die hierfür als Beleg genannte BGH-„Reisestellenkarte"-Entscheidung noch die ebenfalls angeführte „Magill"-Entscheidung des EuGH[198] diese Aussage.

Ausweislich des ersten Leitsatzes der „Reisestellenkarte"-Entscheidung des BGH geht es um die Feststellung, dass es im Anwendungsbereich des Art. 82 EG (nunmehr 102 AEUV) für die Annahme einer marktbeherrschenden Stellung ausreicht, dass ein Unternehmen aufgrund seiner Stellung auf einem vorgelagerten Markt einen wirksamen Wettbewerb auf einem nachgelagerten Markt verhindern kann.[199] Es ging somit um die Normadressateneigenschaft i. S. d. Art. 82 EG (explizit nicht um eine solche im Sinne des § 19 GWB im Fall eines abhängigkeitsbedingten Behinderungsmissbrauchs, konkret: um die Feststellung, dass ein Unternehmen (hier: Lufthansa) durch Verweigerung einer nur ihm möglichen Handlung (Gestattung des Umsatzsteuerausweises, vgl. § 14 Abs. 2 UStG) einen wirksamen Wettbewerb auf einem nachgelagerten Markt (hier: Markt für Reisestellenkarten mit Vorsteuerabzugsmöglichkeit) verhindern konnte. Angesichts des konkreten Sachverhalts erscheint die vom BGH gezogene Parallele zu dem der „Magill"-Entscheidung trotz gewisser Schwachpunkte noch nachvollziehbar. Der im ersten Leitsatz der BGH-Entscheidung zum Ausdruck kommende Schluss von der Verhinderung des Wettbewerbs auf dem nachgelagerten Markt auf die beherrschende Stellung auf dem vorgelagerten (Gestattungs-) Markt ist allerdings problematisch.[200] Insbesondere aber entspricht dies nicht der Begründung des EuGH im „Magill"-Fall. Dort wurde die Beherrschung des vorgelagerten Marktes mit dem faktischen Monopol begründet, das die Fernsehsender bei der Abgabe der von ihnen zusammengestellten Programminformationen haben.[201] Bei tatsächlicher Übertragung der „Magill"-Rechtsprechung wäre somit vom faktischen Monopol der Lufthansa auszugehen gewesen, welche diese als gestattungsberechtigter Leistungserbringer i. S. d. § 14 Abs. 2 UStG hinsichtlich der Gestattung inne-

---

197 BKartA, Bericht S. 96 unter vergleichendem Hinweis auf BGH, Beschl. v. 3.3.2009, KZR 82/07, Beschlussfassung S. 13 „Reisestellenkarte" und vergleichendem Hinweis auf EuGH, Urt. v. 6.4.1995, Rs. C-241/91 und C-242/91 „Magill"; ebenso, allerdings der Natur der Sache nach auf § 19 GWB beschränkt, BKartA, Beschl. v. 8.12.2011, Az. B8-94/11 Tz. 53 „RWE/ Stadtwerke Unna".

198 EuGH, Urt. v. 6.4.1994, Rs. C-241/91 und C-242/91, „Magill".

199 BGH, Beschl. v. 3.3.2009, Az. KZR 82/07 „Reisestellenkarte", Leitsatz a). Hervorhebung durch Verf.

200 Ensthaler/Kempel, WRP 2010, 1109, 1111.

201 EuGH, Urt. v. 6.4.1994, Rs. C-241/91 und C-242/ 91 Rn. 46ff. „Magill". So auch interpretiert von Deselaers, WuW 2008, 179, 180; Ensthaler/Kempel, WRP 2010, 1109, 1111; Säcker, ET 2011, 74, 77.

hat. Unabhängig von dieser Kritik ist jedoch zunächst festzuhalten, dass es in beiden Entscheidungen um einen abhängigkeitsbedingten Behinderungsmissbrauch geht, d. h. um eine Behinderung im bilateralen Lieferanten-Abnehmer-Verhältnis zur Verhinderung eines wirksamen Wettbewerbs auf einem nachgelagerten Markt.

Die Lufthansa wurde vom BGH auf dem sog. Gestattungsmarkt als marktbeherrschend i. S. d. Art. 82 EG angesehen, weil sie aufgrund ihrer dortigen Stellung einen wirksamen Wettbewerb auf dem nachgelagerten Markt für Reisestellenkarten mit Vorsteuerabzugsmöglichkeit verhindern konnte. Die besondere Stellung auf dem Gestattungsmarkt wurde mit dem sehr hohen Marktanteil (ca. 70 %) der Lufthansa bei innerdeutschen Flugreisen begründet.[202] In diesem Zusammenhang stellte sich die Frage, wie der Umstand zu bewerten sei, dass möglicherweise ein weiterer gestattungsberechtigter Leistungserbringer i. S. d. § 14 Abs. 2 UStG, die Deutsche Bahn AG als Anbieter der ICE-Verbindungen, ebenfalls eine marktbeherrschende Stellung auf dem Gestattungsmarkt hat. Vor diesem Hintergrund des abhängigkeitsbedingten Behinderungsmissbrauchs – und, wie auch die weiteren Ausführungen des BGH belegen, nur vor diesem – ist die im zweiten Leitsatz getroffene Aussage des BGH zu Art. 82 EG (nunmehr 102 AEUV) zu sehen und zu verstehen. Der BGH führt dort wörtlich aus: „Haben mehrere Unternehmen aufgrund ihrer Stellung auf einem *vorgelagerten* Markt neben- und unabhängig voneinander die Möglichkeit, wirksamen Wettbewerb auf einem *nachgelagerten* Markt zu verhindern, kann jedes von ihnen marktbeherrschend i. S. d. Art. 82 EG sein."[203] Es ist somit zunächst festzustellen, dass der BGH keineswegs – schon gar nicht „ausdrücklich"[204] – anerkannt hat, dass mehrere Unternehmen individuell marktbeherrschend im Sinne von § 19 GWB, Art. 102 AEUV sein können, wenn sie „neben- oder unabhängig voneinander die Möglichkeit [haben], wirksamen Wettbewerb zu verhindern."[205]. Die verkürzte Wiedergabe[206] der Aussage des BGH durch das Amt suggeriert einen zu weiten Geltungsbereich. Insbesondere kann die „Reisestellenkarte"-Entscheidung nicht als allgemeine Anerkennung der Rechtsfigur einer mehrfachen Einzelmarktbe-

---

202 BGH, Beschl. v. 3.3.2009, Az. KZR 82/07, Tz. 27 „*Reisestellenkarte*".
203 BGH, Beschl. v. 3.3.2009, Az. KZR 82/07 „*Reisestellenkarte*", Leitsatz b) (Hervorhebung durch d. Verf.). In den entsprechenden Entscheidungsgründen (Tz. 32) führt er insoweit aus: „Haben mehrere Unternehmen neben- und unabhängig voneinander die Möglichkeit, wirksamen Wettbewerb auf einem nachgelagerten Markt zu verhindern, so ist jedes von ihnen marktbeherrschend i. S. d. Art. 82 EG".
204 So aber explizit behauptet im Bericht auf S. 20.
205 So aber die Wiedergabe im Bericht S. 96.
206 Die Wiedergabe auf S. 96 des Berichts verkürzt die Aussage des BGH (Tz. 32 der Beschlussausfertigung) durch Weglassen der Bezüge auf vor- und nachgelagerte Märkte.

herrschung im Rahmen eines Ausbeutungsmissbrauchs[207] bzw. der Zusammenschlusskontrolle[208] gedeutet werden.

Hervorzuheben ist, dass der BGH diese Aussagen unter explizitem Verweis auf die „Magill"-Entscheidung des EuGH und den Anwendungsbereich des Art. 82 EG (nunmehr Art. 102 AEUV) trifft. Die „Magill"-Entscheidung zeige, dass Art. 82 EG auch Fälle erfasse, „die im deutschen Kartellrecht als Fälle der Spitzenstellungs- oder Spitzengruppenabhängigkeit angesehen und dem Auffangtatbestand des § 20 Abs. 2 GWB zugeordnet worden sind (vgl. BGH, Urt. v. 20.11.1975 – KZR 1/75, WuW/E 1391, 1394 – Rossignol-Ski; Urt. v. 22.1.1985 – KZR 35/83, WuW/E 2125, 2127 – Technics; Urt. v. 9.5.2000 – KZR 28/98, WuW/E DE-R 481, 482 – Designer-Polstermöbel)."[209] § 20 Abs. 2 GWB erfasst keine Fälle der Marktbeherrschung, sondern erweitert den Normadressatenkreis des § 20 Abs. 1 GWB dahingehend, dass auch Unternehmen, die nur über eine relative Marktmacht verfügen, dem Behinderungs- und Diskriminierungsverbot des § 20 Abs. 1 GWB unterfallen.[210]

Bei der relativen Marktmacht i. S. d. § 20 Abs. 2 GWB geht es um die Abhängigkeit eines bestimmten Unternehmens von einem bestimmten Lieferanten in einem direkten Bezugsverhältnis[211] und gerade nicht um die Abhängigkeit von Abnehmern im Ganzen von der Kapazität eines Anbieters, auf die das Amt im folgenden seine Argumentationskette aufbaut. Die Aussage des BGH zielt somit allein auf die verschiedenen Abhängigkeitsszenarien, die im deutschen Recht vom Sondertatbestand des § 20 Abs. 2 GWB erfasst werden. Dies zeigt sich auch an seiner Auseinandersetzung mit der Auffassung des Berufungsgerichts, welches die Marktbeherrschung der Lufthansa daraus ableitete, dass nur sie die Gestattung für ihre Leistung erbringen könne. Die insoweit geäußerten Zweifel daran, dass „eine wettbewerbsfähige Reisestellenkarte mit Vorsteuerabzugsmöglichkeit zwingend den Umsatzsteuerausweis für die Rechnungen jedes noch so unbedeutenden Erbringers relevanter Reiseleistungen" voraussetze, belegt dies deutlich. Im Lichte der weiteren Ausführungen des BGH betrachtet reduziert sich die vom BKartA in Bezug genommene Aussage des BGH darauf, dass der Begriff der Marktbeherrschung i. S. d. Art. 102 AEUV weiter ist als derjenige des § 19 GWB, da er auch Konstellationen von relativer Marktmacht erfasst. Diesbezüglich ist jedoch auch darauf hinzuweisen, dass der EuGH bereits frühzeitig entschieden

---

207 Im Rahmen des Berichts untersucht das Amt die Normadressateneigenschaft der Erzeuger vor dem Hintergrund einer potentiellen Kapazitätszurückhaltung, also eines Falls des Ausbeutungsmissbrauchs, vgl. Bericht S. 119.

208 BKartA, Beschl. v. 8.12.2011, Az. B8-94/11 „RWE/Stadtwerke Unna".

209 BGH, Beschl. v. 3.3.2009, Az. KZR 82/07, Tz. 32 „Reisestellenkarte".

210 Statt vieler Markert, in Immenga/Mestmäcker, GWB, § 20 Rn. 8 f.

211 Statt vieler Markert, in Immenga/Mestmäcker, GWB, § 20 Rn. 8 f.

hat, dass nicht jede „Sortimentsabhängigkeit" eine beherrschende Stellung begründet.[212]

Jedenfalls bei der „Magill"-Entscheidung handelt es sich um einen Fall, der dem Bereich der im Rahmen des Art. 102 AEUV vom EuGH angewandten sog. Essential-Facilities-Doktrin zugeordnet werden kann. Hiervon umfasst sind solche Einrichtungen, die für die Teilnahme am Wettbewerb auf einem bestimmten nachgelagerten Markt unerlässlich sind und nicht dupliziert werden können. Unternehmen, die solche Einrichtungen kontrollieren, gelten diesbezüglich als beherrschend. Auch wenn der im Kontext des RSI (s. C.III.1)) verwendete Begriff des „unverzichtbaren Anbieters" es auf den ersten Blick nahelegen könnte, handelt es sich bei den Erzeugungsanlagen nicht um wesentliche Einrichtungen in diesem Sinne. Wie das Amt an anderer Stelle[213] zu Recht – jedenfalls implizit – feststellt, kommt diese Eigenschaft im Strombereich nur den Netzen als natürlichen Monopolen zu. Die Tätigkeit auf den Endkundenmärkten ist nicht von einer irgendwie gearteten Gestattung/Lieferung durch einzelne Erzeugungsunternehmen abhängig.

Zusammenfassend lässt sich feststellen, dass es sich bei der mehrfachen Einzelmarktbeherrschung keineswegs um eine in der Rechtsprechung allgemein anerkannte Rechtsfigur handelt.

II. Die mehrfache Einzelmarktbeherrschung auf dem Erstabsatzmarkt: eine mit der europäischen Entscheidungspraxis zu vereinbarende Rechtsfigur?

Die weiteren Ausführungen des Amtes zu den „rechtlichen Grundlagen"[214] für eine mehrfache Einzelmarktbeherrschung basieren nur noch auf der europäischen Entscheidungspraxis zur Normadressateneigenschaft i. S. d. Art. 102 AEUV. Die Argumentationskette des Amtes zur Vereinbarkeit der Rechtsfigur der mehrfachen Einzelmarktbeherrschung mit dieser Entscheidungspraxis ist, ausgehend von den dabei angewandten Kriterien (s. hierzu C.II.1)), einer kritischen Überprüfung zu unterziehen (s. hierzu C.II.2)).

---

212 EuGH, Urt. v. 25.10.1977, Rs. 26/76 „*Metro I*", der Hersteller hatte hier einen Marktanteil unter 10 %.
213 BKartA, Bericht S. 37.
214 BKartA, Bericht S. 96.

1) Kriterien zur Feststellung der Marktbeherrschung in der europäischen Entscheidungspraxis

Die marktbeherrschende Stellung i. S. d. Art. 102 AEUV (vormals Art. 82 EG) wird in ständiger Entscheidungspraxis als „die wirtschaftliche Machtstellung eines Unternehmens" definiert, „die dieses in die Lage versetzt, die Aufrechterhaltung eines wirksamen Wettbewerbs auf dem relevanten Markt zu verhindern, indem sie ihm die Möglichkeit verschafft, sich seinen Wettbewerbern, seinen Abnehmern und schließlich den Verbrauchern gegenüber in einem nennenswerten Umfang unabhängig zu verhalten."[215]

Diese Standardformel vereinigt Marktstruktur- und Marktverhaltenskriterien in einer Definition.[216] Auch wenn das Verhältnis dieser Kriterien und ihre Gewichtung im Schrifttum umstritten sind[217], gehen Kommission und Gerichte davon aus, dass sich die Feststellung von Marktbeherrschung aus einer wertenden Gesamtschau verschiedener Faktoren (Marktbeherrschungsindikatoren) ergibt, die jeder für sich nicht ausschlaggebend sein müssen.[218] Allerdings wird der Marktstruktur, und hier primär dem Marktanteil des betreffenden Unternehmens, die größte Aussagekraft zugebilligt.[219] Unternehmensstruktur und Marktverhalten als die beiden weiteren Faktoren dienen regelmäßig nur noch der zusätzlichen Begründung bzw. Absicherung des Ergebnisses.[220]

Der EuGH geht seit seiner Grundsatzentscheidung „Hoffmann-La Roche" davon aus, dass das Vorliegen erheblicher Marktanteile in hohem Maße für eine

---

215 St. Rspr. seit EuGH, Urt. v. 14.2.1978, Rs. 27/76, Tz. 65 „*United Brands*"; Urt. v. 13.2.1979, Rs. C-85/76, Tz. 38 „*Hoffmann-La Roche*" vgl. statt vieler *Möschel*, in Immenga/Mestmäcker, Art. 82 EGV, Rn. 66 m. w. N. BKartA, Beschl. v. 8.12.2011, Az. B8-94/11, Tz. 54 „*RWE/Stadtwerke Unna*", übernimmt diese Standarddefinition kommentarlos für § 19 GWB.

216 *Möschel*, in Immenga/Mestmäcker, Art. 82 EGV, Rn. 66 f.

217 *Möschel*, in Immenga/Mestmäcker, Art. 82 EGV, Rn. 67 mit Hinweis auf die Darstellung des Streitstandes bei *Jung*, in Grabitz/Hilf/Nettesheim, Art. 102 AEUV Rn. 88.

218 *Möschel*, in Immenga/Mestmäcker, Art. 82 EGV, Rn. 73; MünchKomEUWettbR/*Eilmansberger*, Art. 82 Rn. 102; *Jung*, in Grabitz/Hilf/Nettesheim, Art. 102 AEUV Rn. 88; *Bulst/Bunte*, in Langen/Bunte, Art. 82 Rn. 43; EuGH, Urt. v. 14.2.1978, Rs. 27/76, Tz. 63, 66 „*United Brands*"; Urt. v. 13.2.1979, Rs. C-85/76, Tz. 39 „*Hoffmann - La Roche*"; EuG, Rs. T-30/89, Tz. 80 „*HILTI*".

219 MünchKomEUWettbR/*Eilmansberger*, Art. 82 Rn. 103; *Möschel*, in Immenga/Mestmäcker, Art. 82 EGV, Rn. 73; *Wessely*, in FK, Art. 82 Normadressaten, Rn. 106. Vgl. explizit auch EuGH, Urt. v. 13.2.1979, Rs. C-85/76 Tz. 39 „*Hoffmann-La Roche*"; EuG, Urt. v. 12.12.1991, Rs. T-30/89, Tz. 90 „*HILTI*".

220 *Möschel*, in Immenga/Mestmäcker, Art. 82 EGV, Rn. 73; MünchKomEUWettbR/*Eilmansberger*, Art. 82 Rn. 103. Vgl. auch EuGH Urt. v. 13.2.1979, Rs. C-85/76 Tz. 39, 43 ff. „*Hoffmann-La Roche*"; Urt. v. 9.11.1989, Rs. 322/81, insb. Tz. 52 f. „*Michelin*".

marktbeherrschende Stellung kennzeichnend ist.[221] Auch wenn die Bedeutung von Marktanteilen von Markt zu Markt unterschiedlich sein kann, liefern „besonders hohe Anteile – von außergewöhnlichen Umständen abgesehen – ohne weiteres den Beweis für das Vorliegen einer beherrschenden Stellung."[222] Dies begründet er damit, dass ein „Unternehmen, das während längerer Zeit einen besonders hohen Marktanteil inne hat, [...] sich allein durch den Umfang seiner Produktion und seines Angebotes in einer Position der Stärke [befindet], die es zu einem nicht zu übergehenden Geschäftspartner macht und ihm bereits deswegen, jedenfalls während relativ langer Zeit, die Unabhängigkeit des Verhaltens sichert, die für eine beherrschende Stellung kennzeichnend ist; die Inhaber von erheblich geringeren Marktanteilen wären nicht in der Lage, kurzfristig die Nachfrage zu befriedigen, die sich vom Marktführer abwenden wollte."[223] Aus dem zeitlichen Bezug folgt, dass Marktanteile nur dann als hinreichend aussagekräftig betrachtet werden, wenn sie über einen längeren Zeitraum gehalten worden sind.[224] Ein Rückgang des Marktanteils in dem Zeitraum, in dem die untersuchte Verhaltensweise begangen wurde, kann den Marktbeherrschungsbefund vor allem in Grenzfällen entkräften.[225]

Mit abnehmendem Marktanteil schwächt sich die Aussagekraft dieses Marktstrukturindikators ab. Unterhalb der Stufe „besonders hoher Marktanteile" bedarf es der Heranziehung weiterer Kriterien zum Nachweis der Marktbeherrschung. Insofern kann von einem „umkehrbaren Grundsatz" gesprochen werden: „je höher der Marktanteil, desto geringer die Bedeutung der übrigen Kriterien."[226] Für den vorliegenden Fall von „absolut nicht herausragenden Marktanteilen"[227] bedeutet dies: Je niedriger der Marktanteil, desto größer die Bedeutung der übrigen Kriterien.

---

221 EuGH, Urt. v. 13.2.1979, Rs. C-85/76, Tz. 39 „Hoffmann-La Roche".

222 EuGH, Urt. v. 13.2.1979, Rs. C-85/76, Tz. 41 „Hoffmann-La Roche"; ebenso EuGH, Urt. v. 3.7.1991, Rs. C-62/86, Tz. 60 „AKZO"; Urt. v. 6.10.1994, Rs. T-83/91, Tz. 109 „Tetra Pak II"; best. durch EuGH, Urt. v. 14.11.1996, Rs. C-333/94; s. auch Kommission, 24.3.2004, COMP/37.792, Rn. 429 ff. „Microsoft".

223 EuGH, Urt. v. 13.2.1979, Rs. C-85/76, Tz. 41 „Hoffmann-La Roche"; vgl. EuG, Urt. v. 22.11.2001, Rs. T-139/98, Tz. 51 „AAMS" („Zwangspartner"); Urt. v. 23.10.2003, Rs. T-65/98, Tz. 154 „Van den Bergh Foods".

224 Zu dieser Interpretation der zuvor zitierten Rspr. s. auch MünchKomEUWettbR/Eilmansberger, Art. 82 Rn. 108; Wessely, in FK, Art. 82 Normadressaten, Rn. 116.

225 MünchKomEUWettbR/Eilmansberger, Art. 82 Rn. 108; Schröter, Groeben/Schwarze, Art. 82 Rn. 92. Vgl. zu Fällen, in denen die Indizwirkung von Marktanteilsrückgängen verblasst: EuG, Urt. v. 8.10.1996, Rs. T-24-26/93 und T-28/93, Tz. 77 „Compagnie maritime belge"; bestätigt durch EuGH, Urt. v. 16.3.2000, Rs. C-395/96 und 396/96 (bei sehr hohem Marktanteil); EuG, Urt. v. 17.12.2003; T-219/99, Tz. 224 „British Airways" (bei erheblichem Abstand zu den Wettbewerbern); bestätigt durch EuGH, Urt. v. 15.3.2007, Rs. C-95/04 P.

226 Möschel, in Immenga/Mestmäcker, Art. 82 EGV, Rn. 74.

227 BKartA, Bericht S. 97.

Zwar hat es der EuGH bisher vermieden, eine Marktanteilsschwelle zu bestimmen, unterhalb derer Marktbeherrschung nach Art. 102 AEUV nicht mehr in Frage kommt. Bewegen sich die Anteile allerdings unter 40 %, müssen die weiteren Faktoren den Marktbeherrschungsbefund selbst maßgeblich mitbegründen. Auch müssen in diesem Fall mehrere dieser eine Marktdominanz indizierenden Umstände nachgewiesen werden.[228] Dieser Nachweis wird zwar durch die europäische Praxis nicht grundsätzlich ausgeschlossen.[229] Bei Zugrundelegen der bisher verwendeten Marktmachtindikatoren und Wertungen erscheint das Gelingen eines solchen Nachweises allerdings zweifelhaft.[230] Dies gilt insbesondere auch deshalb, weil mit abnehmenden Marktanteilen tendenziell der Abstand zum nächsten Mitbewerber weniger zum Tragen kommt.[231] In der Tat wird ein hoher relativer Marktanteil, wie er sich aus dem Abstand zu den nächst größeren Wettbewerbern sowie aus der Zersplitterung der Marktanteile der übrigen Mitbewerber ergibt, als ein gewichtiges Indiz für Marktbeherrschung gewertet[232], da er im Regelfall die Fähigkeit des Unternehmens unterstreicht, sich Wettbewerbszwängen zu entziehen.[233] Marktzutrittsschranken werden in der Entscheidungspraxis zu Art. 102 AEUV in den meisten Fällen lediglich als Bestätigung der Annahme von Marktbeherrschung in dem Sinne verwandt, dass ein hoher Marktanteil sich am ehesten bei Existenz von Marktzutrittsschranken verfestigt.[234]

Die Unternehmensstrukturanalyse dient der Identifizierung individueller Unternehmensmerkmale, die Wettbewerbsvorteile gegenüber Konkurrenten be-

---

228 MünchKomEUWettbR/*Eilmansberger*, Art. 82 Rn. 106.

229 Vgl. EuGH, Urt. v. 15.12.1994, Rs. C-250/92, Tz. 48 *„Goettrup-Klim"*, wonach bei Marktanteilen von 36 % und 32 % und Vorliegen weiterer besonderer Umstände eine beherrschende Stellung vorliegen könne (über die Frage der Marktbeherrschung wurde jedoch in dieser Vorlage-Entscheidung nicht abschließend entschieden); vgl. ferner EuGH, Urt. v. 25.10.1977, Rs. 26/76, Tz. 17 *„Metro"*; Urt. v. 22.10.1986, Rs. C-75/84, Rn. 86 *„Metro II"*. S. auch – wie vom Amt auf S. 97 des Berichts angeführt – Kommission, Positionspapier zu Art. 82, a.a.O. (Fn. 240), Rn. 10: „Diese Unabhängigkeit steht in direktem Verhältnis zur Intensität des Wettbewerbsdrucks, der auf das marktbeherrschende Unternehmen ausgeübt wird. Marktbeherrschung ist ein Zeichen dafür, dass dieser Wettbewerbsdruck nicht ausreichend wirksam ist, so dass das marktbeherrschende Unternehmen über einen bestimmten Zeitraum über erhebliche Marktmacht verfügt."

230 Vgl. MünchKomEUWettbR/*Eilmansberger*, Art. 82 Rn. 106; in der Literatur wird davon ausgegangen, dass bei Marktanteilen unterhalb von 25 % die Feststellung einer Marktbeherrschung praktisch nicht mehr in Betracht kommt, vgl. z. B. MünchKomEUWettbR/*Eilmansberger*, Art. 82 Rn. 107; *Jung*, in Grabitz/Hilf/Nettesheim, Art. 102 AEUV, Rn. 95.

231 MünchKomEUWettbR/*Eilmansberger*, Art. 82 Rn. 106.

232 EuGH, Urt. v. 13.2.1979, Rs. C-85/76, Rn. 48 *„Hoffmann-La Roche"*; EuG, Urt. v. 17.12.2003, Rs. T-219/99, Tz. 210 ff. *„British Airways"*.

233 MünchKomEUWettbR/*Eilmansberger*, Art. 82 Rn. 110.

234 *Wessely*, in FK, Art. 82 Normadressaten, Rn. 129; vgl. auch *Möschel*, in Immenga/Mestmäcker, Art. 82 EGV, Rn. 74.

gründen können.[235] Die Merkmale sind daraufhin zu untersuchen, ob sie eine Fähigkeit zu wettbewerbsunabhängigen Verhaltensweisen indizieren und bedürfen somit im Einzelfall einer Bewertung hinsichtlich ihrer wettbewerblichen Bedeutung. Sie dienen in der Praxis regelmäßig nur der Absicherung des in der Marktstrukturanalyse gewonnenen Ergebnisses.[236]

Die Marktverhaltensanalyse, d. h. die Analyse von Art und Ergebnis des Unternehmensverhaltens, dient – angesichts der Ambivalenz dieses Indikators – in der Praxis der Gemeinschaftsorgane überwiegend der Konsolidierung und Absicherung eines im Rahmen der Markt- und Unternehmensstrukturanalyse gefundenen Ergebnisses.[237] Im Rahmen des Missbrauchsverbots geht es dabei um die *Frage, ob* das Unternehmen *tatsächlich in der Lage war*, die für Marktbeherrschung kennzeichnende(n) Verhaltensweise(n) (bis zu einem gewissen Grad autonomes Marktverhalten bzw. wirksame Behinderung von Wettbewerbern) *zu verwirklichen*.[238] So wurde die Fähigkeit, über einen längeren Zeitraum ohne relevante Umsatzeinbußen oder Marktanteilsverluste spürbar höhere Preise als die Konkurrenz zu praktizieren, vom EuGH als zusätzliches Indiz für das Vorliegen einer beherrschenden Stellung qualifiziert.[239] In diesen Zusammenhang ist auch die – im Anschluss an allgemeine Überlegungen zur Intensität des Wettbewerbsdrucks getroffene – Aussage der Kommission zu stellen, wonach „ein Unternehmen, das über einen längeren Zeitraum seine Preise gewinnbringend auf ein Niveau über dem Wettbewerbspreis erhöhen kann, keinem ausreichend wirksamen Wettbewerbsdruck ausgesetzt ist und somit im allgemeinen als marktbeherrschend betrachtet werden kann (was letztendlich als längerer Zeitraum zu betrachten ist, hängt vom Produkt und von den Bedingungen auf dem betreffenden Markt ab; in der Regel werden zwei Jahre als ausreichend betrachtet).“[240] Das Marktverhalten eines Unternehmens für sich allein betrachtet bildet jedoch keine hinreichende Grundlage für die Bejahung von Marktbeherrschung. Es handelt sich nur um ein Indiz unter mehreren.[241]

---

235 *Bunte*, in Langen/Bunte, Art. 82, Rn. 60.
236 Ausführlich auch zu möglichen relevanten Merkmalen: *Möschel*, in Immenga/Mestmäcker, Art. 82 EGV, Rn. 88 ff.
237 *Möschel*, in Immenga/Mestmäcker, Art. 82 EGV, Rn. 97; MünchKomEUWettbR/*Eilmansberger*, Art. 82 Rn. 103; *Jung*, in Grabitz/Hilf/Nettesheim, Art. 102 AEUV, Rn. 107.
238 MünchKomEUWettbR/*Eilmansberger*, Art. 82 Rn. 115, Hervorhebungen durch d. Verf.
239 EuGH, Urt. v. 14.2.1978, Rs. 27/76, Tz. 128 „*United Brands*“.
240 Kommission, Mitteilung - Erläuterung zu den Prioritäten der Kommission bei der Anwendung von Art. 82 des EG-Vertrags auf Fälle von Behinderungsmissbrauch durch marktbeherrschende Unternehmen, ABl. C. 45/07 v. 24.2.2009, (im Folgenden: Prioritätenpapier zu Art. 82), Rn. 11. Obwohl das Amt die allgemeinen Überlegungen zum Wettbewerbsdruck der Kommission darstellt (Bericht S. 96 mit vergleichendem Verweis auf Kommission, Prioritätenpapier zu Art. 82 Rn. 10), geht es auf diese im unmittelbaren Anschluss getroffene Aussage nicht ein.
241 *Wessely*, in FK, Art. 82 Normadressaten, Rn. 137.

2) Die Argumentationskette des BKartA im Lichte der Entscheidungspraxis

Anknüpfend an die Standarddefinition von Marktbeherrschung in der europäischen Entscheidungspraxis[242] und allgemeine Überlegungen der Kommission zum Verhältnis von Unabhängigkeit des Verhaltens und Wettbewerbsdruck[243] geht das Amt im Ergebnis davon aus, dass ein Unternehmen marktbeherrschend ist, wenn es „über einen *bestimmten Zeitraum* über erhebliche Marktmacht verfügt", die es ihm ermöglicht, „sich in einem *nennenswerten Umfang unabhängig*" von „seinen Wettbewerbern, seinen Abnehmern und schließlich den Verbrauchern" auf dem betroffenen Markt zu verhalten[244], hier: „gewinnbringend Preise über dem Wettbewerbsniveau" zu fordern.[245] Der bestimmte Zeitraum wird dahingehend konkretisiert, dass es sich um einen „erheblichen" Zeitraum handeln muss.[246]

Die für die Marktbeherrschung erforderliche Unabhängigkeit des Unternehmens von den Abnehmern und Verbrauchern sei insbesondere dann gegeben, wenn es als „unvermeidlicher Handelspartner" (unavoidable trading partner, partenaire obligatoire) anzusehen ist: „Ein Unternehmen, das während längerer Zeit einen besonders hohen Marktanteil innehat, befindet sich allein durch den Umfang seiner Produktion und seines Angebotes in einer Position der Stärke, die es zu einem nicht zu übergehenden Geschäftspartner macht und ihm bereits deswegen, *jedenfalls während relativ langer Zeit*, die *Unabhängigkeit des Verhaltens sichert, die für eine beherrschende Stellung kennzeichnend ist*; die Inhaber von erheblich geringeren Marktanteilen wären nicht in der Lage, kurzfristig die Nachfrage zu befriedigen, die sich vom Marktführer abwenden wollte."[247]

---

242 EuGH, Urt. v. 14.2.1978, Rs. 27/76, Tz. 65 *„United Brands"*; Urt. v. 13.2.1979, Rs. C-85/76 Tz. 38 *„Hoffmann-La Roche"*: „Mit der beherrschenden Stellung ist [...] die wirtschaftliche Machtstellung eines Unternehmens gemeint, die dieses in die Lage versetzt, die Aufrechterhaltung eines wirksamen Wettbewerbs auf dem relevanten Markt zu verhindern, indem sie ihm die Möglichkeit verschafft, sich seinen Wettbewerbern, seinen Abnehmern und schließlich den Verbrauchern gegenüber in einem nennenswerten Umfang unabhängig zu verhalten."

243 BKartA, Bericht S. 96 mit vergleichendem Verweis auf Kommission, Prioritätenpapier zu Art. 82, a.a.O. (Fn. 240), Rn. 10: „Diese Unabhängigkeit steht im direkten Verhältnis zur Intensität des Wettbewerbsdrucks, der auf das marktbeherrschende Unternehmen ausgeübt wird. Marktbeherrschung ist ein Zeichen dafür, dass dieser Wettbewerbsdruck nicht ausreichend wirksam ist, so dass das marktbeherrschende Unternehmen über einen bestimmten Zeitraum über erhebliche Marktmacht verfügt."

244 BKartA, Bericht S. 96 mit vergleichendem Verweis auf Kommission, Prioritätenpapier zu Art. 82, a.a.O. (Fn. 240) Rn. 10, Hervorhebungen durch d. Verf.

245 BKartA, Bericht S. 106.

246 BKartA, Bericht S. 106.

247 BKartA, Bericht S. 96 f. mit der Quellenangabe: „Vgl. Nachweise aus der Rspr. bei Wessely, Normadressaten Art. 82 EG, in Frankfurter Kommentar zum Kartellrecht, Rn. 87 unter Be-

Wohl um den in diesem Zitat enthaltenen Hinweis auf einen „besonders hohen Marktanteil" zu entkräften, stellt das Amt sodann unter Berufung auf die Kommission darauf ab, dass „auch dann, wenn der Marktanteil eines Unternehmens unter 40 % liegt, unter bestimmten besonderen Umständen der Fall eintreten [kann], dass Wettbewerber, insbesondere wegen ihrer begrenzten Kapazitäten, nicht in der Lage sind, das Verhalten des potentiell marktbeherrschenden Unternehmens wirksam einzuschränken."[248] Diese besonderen Umstände lägen aufgrund der Besonderheiten der Strommärkte im Fall des Erstabsatzmarktes vor. Als derartige Besonderheiten werden die mangelnde Speicherbarkeit von Strom sowie der Umstand genannt, dass die Nachfrage kurzfristig in hohem Maße unelastisch ist und kurzfristig nicht mehr Kapazitäten zugebaut werden können.[249] Aufgrund dieser Besonderheiten könne auf Strommärkten „auch bei absolut nicht herausragenden Marktanteilen die Situation eintreten, dass die Kapazität eines Unternehmens kurz- bzw. mittelfristig nicht durch freie Kapazitäten anderer Wettbewerber ersetzt werden" könne.[250] „Ist ein Anbieter unverzichtbar, um die Nachfrage im Ganzen zu befriedigen („pivotal" [...]) kommt es bereits unterhalb hoher Marktanteile zur Abhängigkeit der Abnehmer (im Ganzen)." Diese Eigenschaft des Strommarktes führe dazu, „dass jeder Anbieter zu jedem Zeitpunkt, in dem seine eigene Kapazität notwendig ist, um die Gesamtnachfrage zu decken, über erhebliche Marktmacht verfügt."[251]

Die Unverzichtbarkeit des Anbieters i. S. d. Rechtsprechung zum unvermeidlichen Handelspartner wird somit der Unverzichtbarkeit i. S. d. RSI gleichgestellt. Das Amt geht wohl in Anknüpfung an den von der Kommission verwendeten Begriff der „Kapazität" sodann davon aus, dass die Unverzichtbarkeit des Anbieters i. S. d. des RSI ein besonderer Umstand ist, welcher es rechtfertigt, auch bei weit unter 40 % liegenden Marktanteilen eine marktbeherrschende Stellung anzunehmen. Handelt es sich um einen solchen anerkannten Umstand, folgt daraus aus Sicht des Amtes, dass dann eben auch eine mehrfache Einzelmarktbeherrschung möglich sein müsse.

Diese Argumentationskette erscheint im Lichte der allgemeinen Entscheidungspraxis nicht haltbar. Zwar ist richtig, dass die Kommission im Rahmen der herkömmlichen Einzelmarktbeherrschung durch ein Unternehmen anerkennt, dass auch dann, wenn der Marktanteil eines Unternehmens unter 40 % liegt, „unter bestimmten Umständen der Fall eintreten [kann], dass Wettbewerber

rufung auf EuGH, Urt. v. 13.2.1979, Rs. 85/76, „*Hoffmann-La Roche*"; Kursivdruck innerhalb des Zitats im Berichtstext.
248 BKartA, Bericht S. 97 mit Verweis auf Kommission, Prioritätenpapier zu Art. 82, a.a.O. (Fn. 240), Rn. 14.
249 BKartA, Bericht S. 97.
250 BKartA, Bericht S. 97.
251 BKartA, Bericht S. 97.

(z. B. aufgrund ihrer begrenzten Kapazitäten) nicht in der Lage sind, das Verhalten eines beherrschenden Unternehmens wirksam einzuschränken".[252] Hervorzuheben ist jedoch, dass sie – vor dem Hintergrund der großen Bedeutung, die der EuGH dem Marktanteil beimisst, nicht verwunderlich – dieser Aussage voranstellt, dass „geringe Marktanteile [...] in der Regel ein zuverlässiger Indikator für die Abwesenheit erheblicher Marktmacht [sind]"[253] und dass erfahrungsgemäß „eine marktbeherrschende Stellung unwahrscheinlich [ist], wenn ein Unternehmen weniger als 40 % des relevanten Marktes einnimmt."[254] Die in Bezug genommene Aussage der Kommission bedeutet somit – im Einklang mit der allgemeinen europäischen Entscheidungspraxis – nicht mehr und nicht weniger, als dass bei absolut nicht herausragenden Marktanteilen (vorliegend geht es z. T. sogar um Marktanteile weit unter 25 %) Marktbeherrschung nur bei Vorliegen ganz besonderer Umstände bejaht werden kann. Es müssen somit weitere Marktmachtindikatoren vorliegen, und diese müssen den Marktbeherrschungsbefund maßgeblich begründen. Der beispielhafte Hinweis der Kommission auf die „begrenzten Kapazitäten" der Mitwettbewerber weist dabei auf die hohe Bedeutung hin, die dem relativen Marktanteil des Unternehmens, d. h. dem Marktanteilsabstand zu seinen Konkurrenten, in der Entscheidungspraxis beigemessen wird. Ein Indikator, der Marktmacht auch der mit Abstand kleineren Wettbewerber anzeigt, erscheint schon aus diesem Grund angreifbar.

Die Herleitung der die marktbeherrschenden Stellung kennzeichnenden Unabhängigkeit des Unternehmens von den Abnehmern und Verbrauchern aus der Rechtsprechung zum „unvermeidlichen Handelspartner („unavoidable trading partner", „partenaire obligatoire") mag zwar begrifflich mit Blick auf den pivotalen („unverzichtbaren") Anbieter (RSI < 1)[255] (s. hierzu unten C.III.1)) nahegelegen haben; als Beleg für die Anerkennung der These der mehrfachen Einzelmarktbeherrschung durch Kommission bzw. EuG/EuGH taugt sie jedoch ebenso wenig wie als Grundlage für die Herleitung derselben. Dies folgt bereits aus dem Zusammenhang, in dem die vom Amt als Inbegriff dieser Rechtsprechung zitierte Passage aus dem „Hoffmann-La Roche"-Urteil steht. Sie dient dem EuGH in dieser Grundsatzentscheidung dazu zu begründen, warum besonders hohe Marktanteile im Regelfall ohne weiteres als Beweis für das Vorliegen einer beherrschenden Stellung anzusehen sind.[256] Schon deshalb vermag es nicht zu überzeugen, wenn diese Begründung nunmehr als tragendes Element für die

---

252 Kommission, Prioritätenpapier zu Art. 82, a.a.O. (Fn. 240), Rn. 14.
253 Kommission, Prioritätenpapier zu Art. 82, a.a.O. (Fn. 240), Rn. 14. Anders als vom BKartA dargestellt („Insbesondere") wird die begrenzte Kapazität lediglich als ein Beispiel genannt.
254 Kommission, Prioritätenpapier zu Art. 82, a.a.O. (Fn. 240), Rn. 14.
255 BKartA, Bericht S. 98.
256 EuGH, Urt. v. 13.2.1979, Rs. 85/76, Tz. 41 „Hoffmann-La Roche".

Herleitung einer marktbeherrschenden Stellung bei absolut nicht herausragenden Marktanteilen genutzt werden soll. Denn: Die vom EuGH angenommene Unverzichtbarkeit des Anbieters ist nicht Grundlage der hohen Marktanteile, sondern ihre Folge.[257] Auch in der vom Amt in Bezug genommenen „British Airways"-Entscheidung[258] wird die Eigenschaft als „unumgänglicher Geschäftspartner" unter expliziter Inbezugnahme der „Hoffmann-La Roche"-Entscheidung aus dem „sehr bedeutsamen Indiz der sehr großen Marktanteile des fraglichen Unternehmens und des Verhältnisses zwischen diesen Marktanteilen und denen seiner Wettbewerber" abgeleitet: Angesichts des Umstands, dass ca. 40 % aller von Reisebüros in Großbritannien verkauften Flugtickets British-Airways-Tickets sind („von BA gehaltener Anteil in großem Umfang")[259] und dieser Marktanteil auch „stets ein Mehrfaches der Marktanteile jedes einzelnen seiner fünf Hauptwettbewerber darstelle"[260], „folge notwendigerweise, dass diese Vermittler zu einem wesentlichen Teil von den Entgelten abhängig sind, die sie von BA als Entgelt für ihre Luftverkehrsvermittlungsdienste erhalten"[261], weshalb BA als „unumgänglicher Geschäftspartner" dieser Vermittler anzusehen sei.[262] Auch hier ist die Unumgänglichkeit Folge, nicht Grundlage des maßgeblichen Marktbeherrschungsbefundes. Bei den vom Amt als Beleg für seine Rechtsansicht herangezogenen Entscheidungen[263] handelt es sich durchweg um Fälle, in denen das als marktbeherrschend erkannte Unternehmen über hohe bzw. sehr hohe Marktanteile verfügte. Dies gilt sogar für die „Michelin"-Entscheidung[264], wenn man sie der Fallgruppe des unumgänglichen Geschäftspartners zuordnet. Der Gedanke der Unumgänglichkeit wird in dieser Entscheidung in abgeschwächter Formulierung im Sinne einer Sortimentsabhängigkeit verwendet, welche den durch einen hohen absoluten Marktanteil (57 bis 65 %) und einen sehr hohen relativen Marktanteil (Marktanteil der wichtigsten Wettbewerber zwischen 4 und 8 %) indizierten

---

257 So auch explizit EuG, Urt. v. 6.10.1994, Rs. T-83/91, Tz. 109 *„Tetra Pak II"*: „Eindeutig verschaffen solche Marktanteile [ca. 90 %] der Klägerin eine Stellung auf dem Markt, die sie zu einem unumgänglichen Partner für die Verpacker werden lässt und ihr die für eine beherrschende Stellung charakteristische Unabhängigkeit des Verhaltens ermöglicht."

258 Die in Fn. 132 des Berichts in Bezug genommene Kommentierung von *Wessely*, in FK, Art. 82 Normadressaten, Rn. 87 ordnet dieser Fallgruppe auch die Entscheidungen EuG, Urt. v. 17.12.2003, Rs. T-219/99 *„British Airways"*; EuGH, Urt. v. 9.11.1983, Rs. 322/81 *„Michelin"* zu.

259 EuG, Urt. v. 17.12.2003, Rs. T-219/99, Tz. 211 *„British Airways"*.

260 EuG, Urt. v. 17.12.2003, Rs. T-219/99, Tz. 211 *„British Airways"*.

261 EuG, Urt. v. 17.12.2003, Rs. T-219/99, Tz. 216 *„British Airways"*.

262 EuG, Urt. v. 17.12.2003, Rs. T-219/99, Tz. 217 *„British Airways"*.

263 BKartA, Bericht S. 97 Fn. 132 verweist auf die Nachweise aus der Rspr. *bei Wessely*, in FK, Art. 82 Normadressaten, Rn. 87 unter Berufung auf EuGH, Urt. v. 13.2.1979, Rs. C-85/76 *„Hoffmann-La Roche"*.

264 EuGH, Urt. v. 9.11.1983, Rs. 322/81 *„Michelin"*.

Marktbeherrschungsbefund zusätzlich begründete.[265] Andererseits hat der EuGH bereits frühzeitig klargestellt, dass nicht jede „Sortimentsabhängigkeit" eine beherrschende Stellung begründet.[266] Sofern man also auch die „Michelin"-Entscheidung dieser Rechtsprechung zuordnet, zeigt sie lediglich, dass der Hinweis auf die Abhängigkeit der Abnehmer allein dazu dient, den Marktbeherrschungsbefund nach herkömmlichen Kriterien zu unterstreichen.[267]

Die Argumentationskette des BKartA basiert ganz wesentlich auf den vom EuGH und der Kommission verwendeten Begrifflichkeiten. Unter diese werden Definition und Ergebnisse des RSI subsumiert. Dabei wird jedoch der Zusammenhang, in dem die jeweiligen Aussagen stehen, ausgeblendet und daher die eigentliche Bedeutung derselben verkannt. Insbesondere wird verkannt, dass Unverzichtbarkeit nicht Grundlage, sondern Folge hoher Marktanteile ist. Im Ergebnis ist daher festzustellen, dass die vom Amt vorgenommen Herleitung der Einzelmarktbeherrschung mehrerer Unternehmen auf dem Stromerstabsatzmarkt nicht von der bisherigen Entscheidungspraxis gedeckt ist.

III. Das RSI-Stufenkonzept des BKartA: ein mit der Entscheidungspraxis zu vereinbarendes Konzept?

Auch wenn, wie gezeigt, die vom Amt dargelegten rechtlichen Grundlagen seiner These der mehrfachen Einzelmarktbeherrschung das Ergebnis nicht zu begründen vermögen, erscheint es rechtlich nicht von vornherein ausgeschlossen, den RSI auch im Rahmen des § 19 GWB, Art. 102 AEUV nutzbar zu machen. Da es sich bei der Marktbeherrschung um einen normativen Begriff handelt, könnte der RSI durchaus als ein weiterer, neuartiger Marktmachtindikator angesehen werden. Insoweit führt das Amt mehr oder weniger zutreffend[268] aus, dass der RSI als „Hilfsmittel" zur Bestimmung von Marktmacht international anerkannt ist.[269] Fraglich ist jedoch, ob diesem Marktmachtindikator tatsächlich die im Stufenkonzept des Amtes zum Ausdruck kommende Bedeutung beigemessen werden kann.

---

265 EuGH, Urt. v. 9.11.1983, Rs. 322/81, Tz. 52, 56 „*Michelin*". So auch die Interpretation von *Wessely*, in FK, Art. 82 Normadressaten, Rn. 87.

266 EuGH, Urt. v. 25.10.1977, Rs. 26/76 „*Metro I*", der Hersteller hatte hier einen Marktanteil unter 10 %.

267 So *Wessely*, in FK, Art. 82 Normadressaten, Rn. 87.

268 Weniger zutreffend wegen differierender Berechnungsformel (s. C.IV.2)).

269 BKartA, Bericht S. 97, Hervorhebung im Bericht selbst. Auch die *Monopolkommission*, Sondergutachten 54, Strom und Gas 2009 – Energiemärkte im Spannungsfeld von Politik und Wettbewerb, S. 65, hatte die *zusätzliche* Betrachtung der RSI der Erzeuger angeregt, Hervorhebung durch d. Verf.

1) Das Konzept des RSI

Der RSI drückt die Notwendigkeit der Produktionskapazitäten eines Anbieters zur Bedarfsdeckung aus. Der RSI für ein Unternehmen i ist allgemein definiert als:

$$RSI_i = \frac{Gesamtkapazität - Kapazität_i}{Gesamtnachfrage \, / \, Zeiteinheit} \qquad \left[Einheiten: \frac{MW}{MWh \, / \, h} \right]$$

Der RSI gibt an, ob die im Markt verbleibende Erzeugungskapazität, wenn die des Unternehmens i (vollständig) ausfällt, ausreicht, um die Gesamtnachfrage zu decken. Reicht sie aus, ist der RSI-Wert mindestens 1, anderenfalls liegt er unter 1.

2) Das Stufenkonzept des Amtes

Das Amt bewertet den RSI als sachgerechtes Instrument für die Messung von Marktmacht. Es sieht ihn als „Indikator, wenn es darum geht zu quantifizieren, in welchem Ausmaß sich ein Anbieter unabhängig von seinen Wettbewerbern und der Marktgegenseite verhalten kann", d. h. inwieweit er die Möglichkeit hat, Marktmacht auszuüben, vorliegend also „gewinnbringend Preise über dem Wettbewerbsniveau zu fordern."[270] Die Frage, ob bzw. in welchem Umfang Marktmacht in diesem Sinne vorliegt, wird differenziert nach unterschiedlichen RSI-Wertebereichen beantwortet. Anknüpfend an das von der Rechtsprechung geforderte Kriterium des „erheblichen Zeitraums", in dem das Unternehmen diese Möglichkeit hat, legt es eine Schwelle von 5 % der untersuchten Stunden – kalenderjahresweise – zugrunde. Zur Bestimmung, ob ein Unternehmen „nur Marktmacht" hat oder darüber hinaus auch marktbeherrschend ist, führt es diese beiden Kriterien in unterschiedlichen Wertebereichen zusammen. Danach geht das Amt von Folgendem aus:

– Bei einem RSI > 1,2 kann in der Regel bereits von fehlender Marktmacht ausgegangen werden.[271]

---

270 BKartA, Bericht S. 106.
271 BKartA, Bericht S. 106: „Bei einem RSI > 1,2 kann in der Regel davon ausgegangen werden, dass ein einzelner Anbieter nicht in der Lage ist, einen Preis deutlich über dem Preis bei vollständigem Wettbewerb zu setzen. Sein Verhaltensspielraum wird hinreichend durch den Wettbewerb kontrolliert. Es sind ausreichend freie Kapazitäten vorhanden, um die Nachfrage zu befriedigen."

– Bei einem RSI < 1,0 in mehr als 5 % der Stunden eines Jahres besteht die tatsächliche Vermutung, dass ein Unternehmen über eine individuell markt- beherrschende Stellung verfügt (s. hierzu ausführlich C.III.3)a)).[272]
– Ein RSI < 1,1 kann für sich bereits auf das Bestehen erheblicher Marktmacht hindeuten. Für die positive Feststellung einer marktbeherrschenden Stellung i. S. v. § 19 GWB, Art. 102 AEUV sind aber weitere – vom Amt nicht genannte – Kriterien gesondert zu gewichten.[273]
– Bei einem RSI > 1,1 in mehr als 95 % der Stunden mag ein Unternehmen in einzelnen Stunden über Marktmacht verfügen. Ausmaß und Zeitraum sind aber so begrenzt, dass regelmäßig nicht auf das Vorliegen einer marktbeherr- schenden Stellung i. S. d. § 19 GWB, Art. 102 AEUV geschlossen werden kann.[274]

Mit dieser Differenzierung trägt das Amt dem Umstand Rechnung, dass Markt- macht in mehr oder weniger starker Ausprägung vorliegen kann und für die Zwe- cke des Art. 102 AEUV zu bestimmen ist, ab welchem Punkt „Marktmacht" in „Marktbeherrschung" umschlägt.[275] Das Stufenkonzept des Amtes zeigt das deutliche Bemühen der Beschlussabteilung, in Anlehnung an die europäische Entscheidungspraxis eine Abstufung hinsichtlich der Indizwirkung unterschied- licher Kriterien vorzunehmen.

3) Die tatsächliche Vermutung individueller Marktbeherrschung

a) Begründung der Vermutung durch das BKartA

Die Beschlussabteilung geht bei einem RSI von unter 1,0 in mehr als 5 % der Stunden eines Jahres von einer „tatsächlichen Vermutung einer individuellen marktbeherrschenden Stellung"[276] des Unternehmens im betrachteten Kalen- derjahr aus (obwohl sie einige Seiten davor erhebliche Marktmacht eines An-

---

272 BKartA, Bericht S. 106.
273 BKartA, Bericht S. 107: „Ein RSI < 1,1 kann für sich bereits auf das Bestehen erheblicher Marktmacht hindeuten. So ist davon auszugehen, dass sich ein Unternehmen schon dann in signifikantem Umfang unabhängig von den anderen Marktbeteiligten verhalten kann, wenn die Gesamtkapazität des Marktes ohne das betreffende Unternehmen nahezu ausgeschöpft ist. Für die positive Feststellung einer marktbeherrschenden Stellung i. S. v § 19 GWB, Art. 102 AEUV sind aber weitere Kriterien gesondert zu gewichten."
274 BKartA, Bericht S. 107.
275 Vgl. *Wessely*, in FK, Art. 82 Normadressaten, Rn. 80, 95.
276 BKartA, Bericht S. 106.

bieters nur für diejenigen Zeitpunkte annahm, in denen dessen eigene Kapazität notwendig ist, um die Gesamtnachfrage zu decken[277]). „Vergleichbar der Lage [...] bei § 19 Abs. 3 GWB kann diese Vermutung widerlegt werden, wenn strukturelle Faktoren im Markt darauf hindeuten, dass das betroffene Unternehmen trotz des Überschreitens der Schwellenwerte ausnahmsweise nicht über die *Möglichkeit* verfügt, gewinnbringend Preise über dem Wettbewerbsniveau zu fordern."[278]

Die tatsächliche Vermutung von Marktmacht begründet sie damit, dass der Anbieter bei einem RSI von unter 1,0 unverzichtbar sei, um die Nachfrage zu befriedigen. Die Gesamtkapazität des Marktes sei ohne das betreffende Unternehmen ausgeschöpft. Daher bestehe bei einem RSI-Wert unter 1,0 die tatsächliche Vermutung, dass „das Unternehmen über die Möglichkeit verfügt, gewinnbringend Preise über dem Wettbewerbsniveau zu fordern."[279] Hinsichtlich des für die Annahme von Marktbeherrschung von der Rechtsprechung zusätzlich geforderten Merkmals des „erheblichen Zeitraums", in dem die Möglichkeit bestehen muss, gewinnbringend Preise über dem Wettbewerbsniveau zu fordern, geht das Amt davon aus, dass dieses Merkmal erfüllt ist, wenn der RSI in mehr als 5 % der Stunden eines Jahres diesen Wert unterschreitet. Dies begründet es mit den in diesem Zeitraum (angeblich) erwirtschafteten Umsätzen[280] (vgl. hierzu C.III.3) b)aaa)).

Die konkrete Bedeutung der „tatsächlichen Vermutung individueller Marktbeherrschung" bei einem RSI unter 1,0 in mehr als 5 % der Stunden eines Jahres ergibt sich aus den oben zitierten Ausführungen zu ihrer Widerlegung. Da hierfür nur strukturelle Faktoren im Markt in Betracht kommen, unterstellt das Amt bei Erreichen beider maßgeblichen Schwellenwerte, dass das Unternehmen grundsätzlich die sichere Möglichkeit hat, gewinnbringend Preise über dem Wettbewerbsniveau zu fordern.

b) Tauglichkeit des vom Amt angewandten Marktbeherrschungsindikators

Wie bereits dargestellt, stützt das Amt seine Argumentation maßgeblich auf die Gleichstellung der Unverzichtbarkeit des Anbieters i. S. d. „Hoffmann-La Roche"-Rechtsprechung mit der Unverzichtbarkeit des Anbieters zur Deckung der Gesamtnachfrage in einer bestimmten Stunde bei einem RSI < 1,0. Obwohl das

---

277 BKartA, Bericht S. 97.
278 BKartA, Bericht S. 106, Hervorhebung im Bericht selbst.
279 BKartA, Bericht S. 106.
280 BKartA, Bericht S. 106 unten.

Amt von einer „tatsächlichen Vermutung" erheblicher Marktmacht spricht, liegt es nahe, dass es einem RSI < 1,0 in mehr als 438 h/a den selben „Beweiswert"[281] – anders formuliert: die gleiche Aussagekraft – beimisst wie der EuGH über einen längeren Zeitraum gehaltenen besonders hohen Marktanteilen. Der zur Konkretisierung der Bedeutung der Vermutung vorgenommene „Schwenk" des Amtes von der europäischen Rechtsprechung zu Art. 102 AEUV zu § 19 Abs. 3 GWB ist insoweit nur vor einem zweifachen Hintergrund verständlich. Zum einen wird nur so die vom BKartA postulierte Begrenzung auf strukturelle Faktoren zur Widerlegung der Vermutung erklärbar. Zum anderen – und noch wichtiger – wird damit suggeriert, dass dem RSI im Strommarkt eine den Marktanteilen vergleichbare Aussagekraft zukommt. Dies kann jedoch nicht einfach unterstellt werden, sondern bedürfte der näheren Darlegung. Die vom Amt eingeführte tatsächliche Vermutung, dass bei einem RSI < 1,0 der Anbieter die Möglichkeit hat, gewinnbringend Preise über dem Wettbewerbsniveau zu fordern, müsste mit der tatsächlichen Vermutung dieser Möglichkeit bei sehr hohen Marktanteilen vergleichbar sein. Bei sehr hohen Marktanteilen ist die Unverzichtbarkeit des Anbieters und die damit verbundene Möglichkeit, gewinnbringend Preise über dem Wettbewerbsniveau zu fordern, eine tatsächlich feststellbare Folge eines besonders hohen Marktanteils. Beim RSI handelt es sich dagegen um eine berechnete Unverzichtbarkeit. Voraussetzung für eine vergleichbare Aussagekraft ist, dass die zur Berechnung verwendeten Parameter eine tatsächliche Unverzichtbarkeit und nicht nur eine realitätsferne theoretische Unverzichtbarkeit begründen. Mit anderen Worten: Einem RSI < 1,0 kann nur dann eine einem hohen Marktanteil vergleichbare Aussagekraft beigemessen werden, wenn er eine verlässliche Aussage darüber trifft, dass das Unternehmen in der jeweiligen Stunde tatsächlich und nicht nur rein theoretisch die Möglichkeit hat, gewinnbringend Preise über dem Wettbewerbsniveau zu fordern. Nur dann wäre die Annahme einer tatsächlichen Vermutung gerechtfertigt.

Im Folgenden ist daher der Frage nachzugehen, ob dem RSI tatsächlich die ihm vom Amt beigemessene Bedeutung bis hin zur tatsächlichen Vermutungswirkung des Vorliegens von Marktmacht zukommt (s. C.III.3)b)aaa)). Sodann ist der Frage nachzugehen, ob das vom Amt verwendete zeitliche Maß ein taugliches Kriterium für das Umschlagen von Marktmacht in Marktbeherrschung darstellt (s. hierzu C.III.3)b)bbb)).

aaa) Defizite des RSI

Bei der Berechnung des RSI wird vom BKartA die *Gesamtkapazität des betreffenden Anbieters* abgezogen. Ein RSI-Wert unter 1,0 bedeutet somit, dass in

---

281 Vgl. EuGH, Urt. v. 13.2.1979, Rs. C-85/76 , Tz. 41 *„Hoffmann-La Roche"*.

und somit von den hohen EEX-Preisen profitieren kann. Demzufolge kann die Kalkulation des Amtes – EEX-Preis multipliziert mit der gesamten(!) Produktionsmenge der Stunde, woraus sich der Erlösanteil der Erzeuger in den 5 % der Stunden mit den höchsten EEX-Preisen ergeben soll – nicht richtig sein. Für die auf Termin vermarkteten Mengen ist der Erlös unabhängig vom jeweiligen EEX-Preis der Lieferstunden; für die zurückgehaltene Kapazität entfällt der Erlös.

Wie das Amt an anderer Stelle selbst hervorhebt, trägt die Berechnung des Indikators auf Stundenbasis der Tatsache Rechnung, dass die Marktmacht eines Anbieters sich im Zeitablauf ändern kann.[288] Selbst wenn man unterstellen wollte, dass die Voraussetzung eines erheblichen Zeitraums auf anderen Märkten wirklich dazu dient, das Ausbeutungspotential i. S. d. erzielbaren Umsätze zu bestimmen, wäre diese Überlegung jedenfalls nicht auf den Strommarkt übertragbar. Insbesondere kann sie nicht im Sinne einer Fiktion der Möglichkeit zur Preisbeeinflussung in Stunden mit höheren (unbedenklichen) RSI-Werten genutzt werden. Aus dem Umstand, dass ein Unternehmen in einem Bruchteil der Stunden eines Jahres – die Aussagekraft des RSI-Werts über die Möglichkeit einer gewinnbringenden Preiserhöhung für die hier anzustellende Überlegung unterstellt – Preise über das Wettbewerbsniveau hinaus anheben kann, kann nicht geschlussfolgert werden, dass diese Möglichkeit auch in weiteren Stunden existiert. Wenn überhaupt aus RSI-Werten < 1,0 (oder 1,1) auf eine marktbeherrschende Stellung geschlossen werden kann, kann dies nur für die jeweilige konkrete Stunde gelten, in der diese Schwelle unterschritten ist.[289] Der Markt wäre somit auch in zeitlicher Hinsicht abzugrenzen, und zwar unterjährig und so, dass Unternehmen mindestens in den Stunden mit einem RSI > 1,2 nicht marktbeherrschend sind.

Ungeachtet dessen, dass die Begründung des Amtes in tatsächlicher Hinsicht nicht tragfähig ist, ist sie dies auch in rechtlicher Hinsicht nicht. Das Kriterium des erheblichen Zeitraums dient in der Rechtsprechung dazu, die Verlässlichkeit des Marktstrukturindikators „Marktanteil" im Hinblick auf die Marktmacht zu bestimmen.[290] Sofern dieses Kriterium im Rahmen der Marktverhaltensanalyse verwendet wird[291], dient es ebenfalls der Verlässlichkeit dieses Indikators. Auch wenn die bisherige Rechtsprechung den erheblichen Zeitraum nicht konkretisiert hat, ist, wie auch die oben dargestellte Auffassung der Kommission zeigt, von

---

288 BKartA, Bericht S. 98.

289 Diese Ansicht teilt an anderer Stelle auch das Amt (Bericht S. 97): Die Abhängigkeit des Strommarkts von jedem pivotalen Anbieter führe dazu, „dass jeder Anbieter *zu jedem Zeitpunkt, in dem seine eigene Kapazität notwendig ist,* um die Gesamtnachfrage zu decken, über erhebliche Marktmacht verfügt.", Hervorhebung durch d. Verf.

290 EuGH, Urt. v. 13.2.1979, Rs. C-85/76, Tz. 41 „*Hoffmann-La Roche*". Zu dieser Interpretation dieser Entscheidung s. auch MünchKommEuWettbR/*Eilmansberger*, Art. 82, Rn. 86; *Wessely*, in FK, Art. 82 Normadressaten, Rn. 116.

291 Kommission, Prioritätenpapier zu Art. 82, a.a.O. (Fn. 240), Rn. 11.

einem in Jahren bemessenen Zeitraum auszugehen. Die Kommission spricht insoweit von einem Zeitraum von in der Regel zwei Jahren.[292] Insofern fällt es bereits gedanklich schwer, in der 5-%-Schwelle des BKartA, welche 438 herausgefilterte Stunden (zusammenhängend gedacht: gut 18 Tage) im Jahr bedeutet, eine Parallele zu dem von der Rechtsprechung geforderten Zeitraum zu ziehen.

Gegen die 5-%-Grenze für die Bejahung des von der Rechtsprechung geforderten zeitlichen Kriteriums spricht ferner, dass diese Vorgehensweise, wie auch die zwischen 2007 und 2008 stark schwankenden RSI-Werte zeigen[293], zu willkürlichen Jahresergebnissen führt. Insofern kann nicht ausgeschlossen werden, dass bei Zugrundelegen eines anderen Zeitrahmens (nicht Kalenderjahre 2007 bzw. 2008, sondern beispielsweise 1. Juli 2007 bis 30. Juni 2008) sich gravierend andere Prozentzahlen ergeben würden. Die Frage, ob ein Unternehmen marktbeherrschend ist oder nicht, wäre damit in weitem Maße von der letztlich willkürlichen Auswahl des zeitlichen Bezugsrahmens abhängig.

4) Zwischenergebnis

Das Stufenkonzept des BKartA stellt kein mit der Rechtsprechung vereinbares Konzept im Rahmen des Art. 102 AEUV dar. Zum einen überschätzt es die Aussagekraft des verwendeten Marktmachtindikators (RSI-Wert). Zum anderen verkennen Auslegung und Anwendung des Kriteriums „erheblicher Zeitraum" die ihm von der Rechtsprechung zugemessene Funktion.

Einem RSI < 1,0 kommt keineswegs eine hohen Marktanteilen vergleichbare Indizwirkung hinsichtlich der Möglichkeit des Unternehmens, gewinnbringend Preise über dem Wettbewerbsniveau zu fordern, zu. Als Marktmachtindikator ist er zwar nicht von vornherein abzulehnen, als eine – nur im Ausnahmefall widerlegbare – Vermutung individueller Marktmacht kann er jedoch auch im Zusammenspiel mit dem zeitlichen Kriterium nicht überzeugen.

---

292 Kommission, Prioritätenpapier zu Art. 82, a.a.O. (Fn. 240), Rn. 11.
293 BKartA, Bericht S. 105, Tabelle 14.

Bezeichnung der Zahlenwerte als bloße Diskussionsgrundlage[310] – vor: „RSI must not be less than 110 % for more than 5 % of the hours in a year (about 438 hours)".

Als zweite RSI-Anwendung nennt er die Bestimmung individueller Marktmacht, wozu sie auf die Schwächen des kurz zuvor von der FERC vorgeschlagenen Kriteriums der Unverzichtbarkeit eines Anbieters während der Peak-Stunden (Supply Margin Assessment) hinweist: Dieses sei zu restriktiv, da bereits eine Peak-Stunde den Anbieter disqualifizieren könne, es beachte keine notwendigen Betriebsreserven, ignoriere, ob der Anbieter Netto-Käufer oder -Verkäufer sei und eine mögliche Kollusion zwischen Anbietern.[311] Als Vorzüge des Screening-Tests mit dem RSI nennt sie, dass er Raum für einige Stunden lasse, damit die Preise die Marktsituation widerspiegeln und Investitions- oder Stilllegungssignale geben können, die höhere Schwelle von 110 % mögliche Kollusion berücksichtige, der RSI bereits mit festen Preisen verkaufte Kapazitäten eliminiere, zwischen Netto-Käufern und Verkäufern unterscheide und ferner, dass der Schwellenwert entsprechend neueren Marktbeobachtungen adjustiert werden könne.[312]

Hervorzuheben ist, dass der Schwellenwert (110 % in mehr als 5 % der Stunden) – wie gezeigt – nicht auf einer fundamentalen ökonomischen Analyse basiert. Vielmehr handelt es sich um einen ausdrücklich zur Diskussion gestellten, auf Erfahrung und Beobachtung des kalifornischen Marktes basierenden Wert.[313] Insoweit ist bereits die Aussage des Amtes zu relativieren, wonach in der Wettbewerbsanalyse „üblicherweise davon ausgegangen [wird], dass ein Unternehmen, für das der RSI in mehr als 5 % der ausgewerteten Zeiträume unter 1,1 liegt, über Marktmacht verfügt."[314] Zwar ist richtig, dass dieser Grenzwert auf einem Vorschlag *Sheffrins* beruht und so z. B auch von London Economics in der Studie für die Sektoruntersuchung der GD Wettbewerb übernommen worden ist.[315] London Economics verweist jedoch ausdrücklich darauf, dass es sich bei diesem vom CAISO vorgeschlagenen Schwellenwert nicht um eine feste Regel, sondern lediglich um eine *Richtschnur* bei der Bestimmung potentiell problematischer Marktstrukturen handelt.[316] *Sheffrin* sieht einen der Vorteile der Wettbewerbsanalyse

---

310 *Sheffrin*, Predicting Market Power Using the Residual Supply Index, a.a.O. (Fn. 308),S. 11 dort wörtlich: „We propose an RSI screen (numbers are for discussion purpose only)".

311 *Sheffrin*, Predicting Market Power Using the Residual Supply Index, a.a.O. (Fn. 308), S. 12.

312 *Sheffrin*, Predicting Market Power Using the Residual Supply Index, a.a.O. (Fn. 308), S. 13.

313 *Sheffrin*, Predicting Market Power Using the Residual Supply Index, a.a.O. (Fn. 308), S. 11. So auch *London Economics*, Structure and Performance of Six European Wholesale Electricity Marktes in 2003, 2004 and 2005, Februar 2007, http://londecon.co.ik/le/publications/recent-reports.shtml. S. 289.

314 So BKartA, Bericht S. 99.

315 So BKartA, Bericht S. 99 Fn. 136.

316 *London Economics*, Structure and Performance of Six European Wholesale Electricity Marktes in 2003, 2004 and 2005, a.a.O. (Fn. 313), S. 74: "A previous study of RSI in Califormia conducted by the CAISO applied a threshold value to the computed hourly indicator. The threshold

anhand des RSI gerade darin, dass es sich bei dem Schwellenwert nicht um einen festen Wert handelt, er vielmehr an künftige Marktbeobachtungen angepasst werden könne[317] und – so kann ergänzt werden – demgemäß unter bestimmten Umständen und Marktgegebenheiten ggf. auch angepasst werden muss. Darauf weist auch *London Economics* explizit hin; in der Studie für die GD Wettbewerb sind Anpassungen je Land lediglich unterblieben, da für den Zweck der Untersuchung eine einheitliche 110-%-Schwelle ausreiche und einen länderübergreifenden Vergleich erlaube.[318] Auch ging es *Sheffrin* in erster Linie um die wettbewerbliche Klassifizierung eines Marktes als Ganzes, nicht um die Bestimmung der Marktmacht einzelner Unternehmen. *London Economics* verwendet den Schwellenwert in der Studie für die GD Wettbewerb nur als Richtschnur zur wettbewerblichen Klassifizierung eines Marktes insgesamt.[319] Er wird nicht als Indikator für individuelle Marktmacht einzelner Unternehmen – geschweige denn als Indikator zur Begründung von Marktbeherrschung oder gar Marktbeherrschungsvermutungen i. S. d. Wettbewerbsrechts – verwendet.

Bereits aus den genannten Gründen bestehen Zweifel an der – ohne weitere Prüfung – erfolgten Übernahme der Schwellenwerte *Sheffrins* zur Bestimmung individueller Marktmacht bzw. Marktbeherrschung. Mögen die genannten Ungenauigkeiten im Rahmen einer allgemeinen Marktstrukturanalyse noch hinnehmbar sein, ist dies nicht der Fall, wenn diese Werte eins zu eins zur Bestimmung individueller Marktmacht und letztlich Marktbeherrschung übernommen werden.

Zwar geht das Amt erst bei einem Wert unter 1,0 in mehr als 5 % der Stunden von einer Marktbeherrschungsvermutung aus (s. hierzu bereits C.III.3)a)). Bei einem Wert unter 1,1 in mehr als 5 % der Stunden soll das Umschlagen von

---

stated that if the value of the RSI is less then 110 % (1.1) for more than 5 % of the time, then the underlying market structure was not likely to bring about a competitive outcome. This threshold is not a steadfast rule applied by regulators and competition authorities but should rather be seen as a guiding principle in the determination of potentially problematic market structures with respect to the likelihood of the market producing a competitive outcome."

317 *Sheffrin*, Predicting Market Power Using the Residual Supply Index, a.a.O. (Fn. 308), S. 13.

318 *London Economics*, Structure and Performance of Six European Wholesale Electricity Marktes in 2003, 2004 and 2005, a.a.O. (Fn. 313), S. 289: "The Threshold itself is not the result of in-depth economic analysis but rather based on knowledge of market functioning but as such one may consider tailoring the threshold for each country. This was not done as part of this report as it was considered that the 110 % threshold would be appropriate to achieving the objectives of this study and would further allow for a consistent comparison across countries.").

319 *London Economics*, Structure and Performance of Six European Wholesale Electricity Marktes in 2003, 2004 and 2005, a.a.O. (Fn. 313), S. 83 („The Residual Supply Index […] was used in the regression analysis as a measure of market structure."), S. 289 ("This threshold test and the threshold itself was developed by CAISO and as applied indicates potentially troublesome periods as those where the residual supply is less than 110 % of the market demand for electricity lack and whether or not this systematically occurs more than 5 % of the time."

Marktmacht in Marktbeherrschung von weiteren gesondert zu gewichtenden Kriterien abhängig sein. Die als Beleg für die Marktbeherrschungsvermutung vergleichend herangezogene Aussage der Monopolkommission[320] wird vom Amt – auch ausweislich der jüngeren Äußerungen der Monopolkommission – eindeutig überbewertet. So führt sie nunmehr aus, dass sie die im Rahmen der Sektoruntersuchung angenommene Fundierung der Einzelmarktbeherrschung „nur bedingt für überzeugend [hält], da sich diese bisher im Wesentlichen auf die Interpretation struktureller Konzentrationsmaße stützt."[321] Auch dies steht der auf die frühere Aussage der Monopolkommission gestützten Annahme des Amtes einer Marktbeherrschungsvermutung bei Überschreiten des Schwellenwerts eindeutig entgegen.

2) Berechnungsmethodische Abweichungen vom Vorgehen Sheffrins bei der Sektoruntersuchung und ihre Folgen

Die Übernahme der Schwellenwerte *Sheffrins* zur Bestimmung individueller Marktmacht bzw. Marktbeherrschung und die daraus gezogene Schlussfolgerung in Bezug auf die marktbeherrschende Stellung von RWE, E.ON, Vattenfall und EnBW in den Jahren 2007 und 2008 vermag aber auch vor dem Hintergrund eines weiteren, noch gewichtigeren Grundes nicht zu überzeugen.

Der RSI für ein Unternehmen i ist allgemein definiert als:

$$RSI_i = \frac{Gesamtkapazität - Kapazität_i}{Gesamtnachfrage \, / \, Zeiteinheit} \qquad \left[Einheiten: \frac{MW}{MWh \, / \, h}\right]$$

Wie bereits von der Monopolkommission in ihrem 54. Sondergutachten ausgeführt, ist die allgemeine RSI-Berechnungsformel zwar unstrittig, allerdings sind die einzelnen Größen in der Praxis weiter zu konkretisieren.[322] Dies belegen auch die Berechnungen von *London Economics*. Um die Robustheit der Ergebnisse zur Marktstruktur in den einzelnen Ländern zu untermauern, wurde dort der RSI anhand variierter Operanden berechnet, mit der Folge höchst unterschiedli-

---

320 BKartA, Bericht S. 99 und 106 jeweils mit vergleichendem Hinweis auf *Monopolkommission*, Sondergutachten 54, Strom und Gas 2009 – Energiemärkte im Spannungsfeld von Politik und Wettbewerb, S. 65.

321 *Monopolkommission*, 59. Sondergutachten, Energie 2011: Wettbewerb mit Licht und Schatten, S. 177.

322 *Monopolkommission*, Sondergutachten 54, Strom und Gas 2009 – Energiemärkte im Spannungsfeld von Politik und Wettbewerb, S. 65, Fußnote 48. Ergänzend sei darauf hingewiesen, dass die von der Monopolkommission in diesem Zusammenhang als „gängig" dargestellte Konkretisierung der Operanden der RSI-Formel von der derjenigen des Amtes abweicht.

cher RSI-Werte für die einzelnen Unternehmen.[323] Die Analyse zeigt, dass in den Untersuchungen zum deutschen Strommarkt, so auch in der Sektoruntersuchung des BKartA, trotz Übernahme der allgemeinen RSI-Formel und der Schwellenwerte von *Sheffrin* die Berechnungen, d. h. die konkret verwendeten Operanden, verschiedentlich von denjenigen *Sheffrins* abweichen.[324] Dies soll exemplarisch an zwei der von *Lang*, anlässlich seiner Erstanwendung des RSI auf den deutschen Strom-Großhandelsmarkt, vorgenommenen Modifikationen[325] dargestellt werden, welche auch den vom Amt in der Sektoruntersuchung vorgenommenen RSI-Berechnungen zugrunde liegen.[326]

Sheffrin verwendet in der RSI-Berechnungsformel folgende Operanden[327]:

– Gesamtkapazität = verfügbare Kapazitäten normaler thermischer Kraftwerke + preisunabhängig einspeisende „Must-take-Kapazitäten" wie Laufwasser-, Kernkraft- und Heizkraftwerke (bei diesen zählt der höhere Wert von Marktgebot und Ist-Einspeisung) + Netto-Importe;
– Gesamtnachfrage = gemessene Last + beschaffte Kapazitäten für Systemdienstleistungen (Regelleistung);
– Kapazität (des größten Anbieters) = verfügbare Kapazität des (größten) Anbieters - bestehende vertragliche Lieferverpflichtungen.

Lang verwirft die Herausrechnung vertraglicher Lieferverpflichtungen bei der Ermittlung der Kapazität der einzelnen Anbieter, worunter auch und insbesondere Termingeschäfte fallen. Zuerst kommt es an dieser Stelle auf die rein mathematische Folge an: Angesichts der bei größeren Erzeugern bekanntlich zu erheblichen Teilen im Voraus auf Termin verkauften Kapazitäten – im Einzelfall bis über 90 % – verbleibt nur noch wenig abzuziehende Kapazität$_i$, bei unveränderter Gesamtkapazität sowie Nachfrage. Deshalb sind die nach *Lang* berechneten RSI-Werte systematisch kleiner als die nach *Sheffrin* berechneten, was ein Zahlenbeispiel verdeutlicht: Gesamtkapazität 100.000 MW, Gesamtnachfrage 80.000 MW, Kapazität$_i$ 20.000 MW, davon auf Termin verkauft 50 % – RSI$_i$ berechnet nach *Lang* 1,0 und nach *Sheffrin* 1,125. Das BKartA hat wie *Lang* gerechnet, ohne sich mit der Thematik in irgendeiner Weise im Bericht auseinanderzusetzen.

Lang nennt drei Argumente für seine Abweichung.[328]

---

323 *London Economics*, Structure and Performance of Six European Wholesale Electricity Marktes in 2003, 2004 and 2005, a.a.O. (Fn. 313), S. 289 ff. für Deutschland.
324 Hierauf weist auch *Säcker*, ET 2011, 74, 78 hin.
325 *Lang*, Marktmacht und Marktmachtmessung im deutschen Großhandelsmarkt für Strom, S. 10 ff., 64 ff.
326 BKartA, Bericht S. 99 ff.
327 *Sheffrin*, Predicting Market Power Using the Residual Supply Index, a.a.O. (Fn. 308), S. 5.
328 *Lang*, Marktmacht und Marktmachtmessung im deutschen Großhandelsmarkt für Strom, S. 11.

1. Das empirische Problem, dass man in Deutschland nicht wisse, welche Kraftwerke an der Börse bieten und welche schon durch *Forwards* vertraglich gebunden sind.
2. Hat ein Anbieter den Großteil seiner Kapazität vor der Versteigerung am *Day-ahead*-Spotmarkt verkauft, dann bestehe bei ihm kein Interesse, zumindest bei einem einstufigen Spiel, an der Ausübung von Marktmacht im Spotmarkt. Da sich dieses Spiel allerdings wiederhole und damit auch der Spotmarkt Rückwirkungen auf *Futures* und *Forwards* habe, sei es mittel- bis langfristig egal, ob die Produzenten alles oder nur Teile ihrer Strommenge am Spotmarkt verkaufen. Sie hätten „mittelfristig immer ein Interesse an der Ausübung von Marktmacht."
3. Entscheidend für das Interesse der Anbieter an Marktmacht sei letztlich nur ihre Größe im Verhältnis zum relevanten Markt. Aus diesem Grund habe er in seiner Arbeit die vertraglich gebundene Kapazität nicht herausgerechnet.

Das im ersten Argument genannte Problem trifft generell zu. Es genügt aber zu wissen, in welchem Umfang Erzeugungskapazitäten bereits vorab zu festen Preisen verkauft wurden. Diese Information lässt sich abfragen, wie es die Kommission in ihrer Sektoruntersuchung zu den Jahren 2003 bis 2005 vorgemacht hatte.[329] Die Einschränkung ist also nur für eine private wissenschaftliche Studie zutreffend. Sie vermag den Nichtabzug bestehender Lieferverpflichtungen im Rahmen der Sektoruntersuchung nicht zu rechtfertigen. Das zweite Argument befasst sich damit, ob ein Anbieter, der seine Kapazität zum großen Teil bereits verkauft hat, noch Interesse an der Ausübung von Marktmacht im Spotmarkt hat, nicht aber mit der Frage, mit welchem Anteil seiner Kapazität der Anbieter im Spotmarkt Marktmacht ausüben kann. Das dritte – für *Lang* entscheidende – Argument postuliert die Relevanz der (gesamten) Größe der Anbieter mehr als sie sie begründet. Es fällt schwer zu verstehen, weshalb die Ansicht, je größer der Anbieter, desto größer sein Interesse an Marktmacht, den Nichtabzug des vertraglich gebundenen Kapazitätsanteils bei der RSI-Berechnung nach sich zieht. Die Argumente 2 und 3 können das Vorgehen nicht überzeugend begründen. Das Amt setzt sich im Bericht argumentativ nicht mit der Thematik auseinander.

Ebenfalls weicht *Lang* (und ebenso das BKartA) von *Sheffrins* Ansatz für die „Must-take-Kapazitäten" ab, der in manchen Fällen mehr als die Ist-Einspeisung ansetzen würde. Das mag daran liegen, dass die von Lang 2007 als Gegenindikation diskutierte Windturbine[330] o. Ä. in Kalifornien 2000 bis 2002 keine Rolle spielte. Der quantitative Effekt der Abweichung dürfte aus mehreren Gründen

---

329 Wenn auch nur in Bezug auf langfristige Lieferverträge (Laufzeit > 3 Jahre), vgl. *London Economics*, Structure and Performance of Six European Wholesale Electricity Marktes in 2003, 2004 and 2005, a.a.O. (Fn. 313), S. 70 Fn. 36.
330 *Lang*, Marktmacht und Marktmachtmessung im deutschen Großhandelsmarkt für Strom, S. 11.

jedoch gering ausfallen, wenngleich er ebenfalls in Richtung verkleinerter RSI-Werte geht.

Die von *Sheffrin* benannten Schwellenwerte (110 % und 438 Stunden) beruhen auf keiner fundamentalen Herleitung, sondern auf Intuition. Die fehlende objektive Herleitung dürfte ursächlich dafür sein, dass alle neueren Arbeiten zu europäischen Märkten *Sheffrins* Werte eins zu eins übernehmen. Denn wenn die Zusammenhänge, die zu bestimmten Schwellenwerten führten, unbekannt sind, lassen sich die Schwellenwerte nicht an abweichende Faktoren anpassen. Die neueren Arbeiten können sich in keiner Weise auf die ohne Diskussion übernommenen Schwellenwerte von *Sheffrin* stützen, da sie von deren Berechnungsmethode abweichen – gleich, ob begründet oder nicht – und deshalb zu systematisch kleineren RSI-Werten kommen. Die Kombination ursprünglicher Schwellenwerte mit veränderten Formel-Operanden bedeutet ein willkürliches Vorgehen.

Nominal unveränderte Schwellenwerte führen bei Anwendung auf anders ermittelte Kapazitätsgrößen zu abweichenden Bewertungsmaßstäben und damit entscheidend anderen Urteilen. Aufgrund der dargestellten systematischen Berechnungsunterschiede, von denen die Nichtberücksichtigung bestehender vertraglicher Lieferverpflichtungen großes Gewicht hat, legt das BKartA bei formal gleichen RSI-Schwellenwerten in Wahrheit einen erheblich strengeren Maßstab an als von *Sheffrin* vorgeschlagen.

3) Die begrenzte Aussagekraft des RSI

Nach Auffassung des Amtes „ist der RSI als belastbarer, den gegebenen Spezifika des Strommarktes in herausgehobener Weise Rechnung tragender Indikator anzusehen, wenn es darum geht zu quantifizieren, in welchem Ausmaß sich ein Anbieter unabhängig von seinen Wettbewerbern und der Marktgegenseite verhalten kann."[331] Er soll Auskunft darüber geben, ob ein einzelner Anbieter in der Lage ist, einen Preis *deutlich* über dem Preis bei vollständigem Wettbewerb zu setzen.[332] Die Fähigkeit zu einem solchen Verhalten verneint es in der Regel erst ab einem RSI über 1,2 – d. h. wenn nach Abzug der Gesamtkapazität des Unternehmens die übrige Kapazität die Nachfrage in der jeweiligen Stunde noch um mehr als 20 % übersteigt.[333]

Die *Fähigkeit, einen deutlich erhöhten Preis durchzusetzen*, überzeugt als *erste* – notwendige – Bedingung für Marktmacht ohne weiteres. Diese erste Be-

---

331 BKartA, Bericht S. 106.
332 BKartA, Bericht S. 106.
333 BKartA, Bericht S. 106.

b) Zweite Bedingung: Fähigkeit gewinnbringend deutlich überhöhte Preise durchzusetzen

Neben der angebotstechnischen Möglichkeit zur deutlichen Preiserhöhung muss ein einzelner Anbieter einen genügenden individuellen Anreiz in Gestalt einer Gewinnerhöhung besitzen, damit aus der nur theoretischen Marktmacht eine tatsächliche Marktmacht bzw. Marktbeherrschung werden kann. Ob der Anbieter davon Gebrauch macht, ist eine Frage jenseits seiner Normadressateneigenschaft.

Das BKartA formuliert, „dass einige Erzeugungsunternehmen aufgrund ihrer marktbeherrschenden Stellung sowie ihrer diversifizierten Kraftwerksportfolien *sowohl einen Anreiz als auch die Fähigkeit* haben, den Strompreis maßgeblich *zu beeinflussen*".[339] Fehlerhaft ist daran die Richtung des Schlusses: von der marktbeherrschenden Stellung auf die Fähigkeit zur Strompreisbeeinflussung. Richtig ist daran, dass es nicht nur auf die Fähigkeit (*erste* Bedingung), sondern auch auf den Anreiz (*zweite* Bedingung) für ein Erzeugungsunternehmen ankommt. Das kommt an einer anderen Stelle noch klarer zum Ausdruck: „Demgegenüber ist ein Missbrauch indiziert, wenn ein marktbeherrschender Anbieter Kapazität, die er über ihren kurzfristigen Grenzkosten verkaufen könnte, in der Erwartung zurückhält, durch die Verknappung der Angebotsmenge eine Verschiebung der Merit Order und damit einen höheren EEX-Spotmarktpreis zu bewirken, um so Zusatzgewinne durch höhere Deckungsbeiträge für sein übriges Kraftwerksportfolio zu erzielen. Denn eine solche Zurückhaltungsstrategie rechnet sich für einen Anbieter nur dann, wenn er über einen hinreichend großen und hinreichend diversifizierten Kraftwerkspark verfügt, der es ihm ermöglicht, trotz des für die zurückgehaltene Kapazität erlittenen Verlustes (d. h. des *insoweit entgangenen Deckungsbeitrags*) diesen übersteigende Zusatzgewinne für das übrige Kraftwerksportfolio zu generieren."[340] Es ist jedoch falsch, dass der Anreiz einen großen oder gar diversifizierten Kraftwerkspark voraussetzt. Erforderlich ist nur in jedem Fall „im Geld" befindliche Kraftwerkskapazität, denn diese profitiert (wenn man entgegen der Realität mit dem BKartA das übliche Hedging[341]

---

339 BKartA, Bericht S. 24 mit den Hervorhebungen, ferner auf S. 160: „Nach wie vor haben nach Auffassung der Beschlussabteilung einige Erzeugungsunternehmen aufgrund ihrer marktbeherrschenden Stellung sowie ihrer diversifizierten Kraftwerksportfolien sowohl einen Anreiz als auch die Fähigkeit den Preis für Strom in Deutschland maßgeblich, etwa durch die Zurückhaltung von Erzeugungskapazitäten, zu beeinflussen." und S. 284: „[...] eröffnet die nach wie vor vermachtete Marktstruktur Spielraum und Anreiz, in wohlfahrtsschädigender Weise auf die Preisbildung Einfluss zu nehmen, sei es in Form physischer Kapazitätszurückhaltung, sei es in Form ungerechtfertigter Mark-ups auf die Grenzkosten".

340 BKartA, Bericht S. 21, Hervorhebungen im Bericht selbst.

341 Fachterminus für die Absicherung des Strompreises im Lieferzeitpunkt mittels eines früher abgeschlossenen Termingeschäfts mit festem Preis.

ausblendet) vom Preisanstieg. Die Kapazitätszurückhaltung ist sogar mit einem einzigen Kraftwerksblock mit hinreichend niedrigen variablen Kosten möglich, wenn man dessen Leistung (z. B. 500 MW) in zwei Angebote (z. B. 100 MW überteuert und 400 MW zu regulären Grenzkosten) aufteilt. Mittel- oder gar Spitzenlastanlagen im eigenen Kraftwerkspark mit höheren variablen Kosten vermitteln dem potentiellen Kapazitätszurückhalter keinen Vorteil.

Eine Nachweisführung oder Plausibilisierung für den generellen Anreiz, also für „Zusatzgewinne für das übrige Kraftwerksportfolio" bleibt der Bericht des BKartA schuldig. Statt dessen finden sich dort entgegenstehende Erkenntnisse, nämlich „Viele Stromerzeuger verkaufen einen wesentlichen Teil ihrer erzeugten Strommengen bereits weit im Voraus des Erfüllungszeitpunktes auf Termin, um sich von den oftmals recht großen Preisschwankungen am Spotmarkt unabhängiger zu machen."[342] und „Für den konkreten Kraftwerkseinsatz zu einem bestimmten Zeitpunkt ist jedoch regelmäßig der Preis maßgeblich, der sich am Day-Ahead-Spotmarkt ergibt."[343] Diese voll und ganz richtigen Sätze besagen, dass erstens die Erlöse der betreffenden Stromerzeuger für einen wesentlichen Teil ihrer Stromerzeugung nicht von den Spotmarkt-Preisen abhängen und zweitens die Spotmarkt-Preise für den konkreten Kraftwerkseinsatz maßgeblich sind. Ist das aber der Fall, kommen „Zusatzgewinne für das übrige Kraftwerksportfolio" nicht mehr in Betracht, sondern nur noch für den relativ kleinen Kapazitätsrest, der bis zum Vortag noch nicht vermarktet worden ist. Dass innerhalb dieser Restkapazität Zusatzgewinne für den am Spotmarkt vermarkteten Anteil den Verlust bei der zurückgehaltenen Kapazität übersteigen, ist nicht von vornherein wahrscheinlich und darf deshalb keinesfalls für alle „marktbeherrschenden" Erzeuger ohne jede Untersuchung einfach unterstellt werden. Es kann sogar vorkommen, dass ein Erzeuger von niedrigen Spotmarkt-Preisen profitiert, wenn er für die Erfüllung seiner Lieferverpflichtungen Strom günstig einkauft und so den Einsatz teurer eigener Kapazität vermeidet.

Ein praktischer Umstand, der beide Bedingungen umgreift, ist, dass der Kapazitätszurückhalter den Preiseffekt, der ja aus den vom Amt erkannten Gründen groß genug sein muss, um einen Totalgewinn zu erzielen, nicht besonders gut vorhersehen kann. Denn in welchem Steigungsbereich der Angebotskurve der Preis zustande kommt, hängt nicht nur von der Verfügbarkeit der konventionellen Kraftwerke ab, sondern auch von dem Verhalten der übrigen Anbieter, dem Im- und Exportsaldo sowie der am Vortag von den ÜNB erwarteten EEG-Einspeisung in den einzelnen Stunden, deren wind- und sonnenabhängige Anteile mittlerweile innerhalb weniger Stunden jeweils etliche Tausend MW Hub erreichen können. Die EEG-Einspeisungen schwächen im Übrigen auch den Preiseffekt ΔP

---

342 BKartA, Bericht S. 50.
343 BKartA, Bericht S. 60.

ab, da sich das Leistungsangebot aus erneuerbaren Energien links in die Merit Order einfügt, wodurch der Schnittpunkt von Angebots- und Nachfragekurve häufig in einen flacheren Bereich der Merit-Order-Kurve gerät.

Diese Faktoren mindern einerseits die theoretischen Potentiale eines Anbieters, gewinnbringend Preise über dem Wettbewerbsnivau durchzusetzen, erheblich. Anderseits erschweren sie die ökonomisch erfolgreiche Marktmachtausübung. Der RSI, zumal in der vom BKartA benutzten Form, blendet diese Umstände aus, womit sich das BKartA in seinem Bericht noch nicht einmal auseinandersetzt.

Da die genannten Faktoren mit erheblichem Einfluss auf die Fähigkeit eines Anbieters, gewinnbringend überhöhte Preise durchzusetzen, für den RSI keine Rolle spielen, ist der RSI allein nicht geeignet, Marktmacht oder Marktbeherrschung einzelner Unternehmen festzustellen.[344] *Sheffrin* hat den RSI auch nicht so verstanden wissen wollen (s. C.IV.1)).

Eine aussagekräftige Alternative zum RSI wäre, den Preiseffekt ΔP in €/MWh anhand der stündlichen Merit Order direkt auszurechnen. Hierfür wäre der Anstieg der Angebotskurve in ihrem Schnittpunkt mit der Nachfragekurve festzustellen[345] und mit einem realitätsnahen, vorzugsweise anbieterspezifischen oder evtl. auch einheitlichen Kapazitätswert zu multiplizieren. Die Ergebnisse für jede Stunde können unmittelbar daraufhin beurteilt werden, ob sie eine *deutliche* Preiserhöhung darstellen. Im Nachhinein ist diese Information anhand der Börsendaten ermittelbar. Der potentielle Kapazitätszurückhalter, für den diese Information äußerst wertvoll wäre, verfügt darüber aber im Zeitpunkt seiner Angebotsabgabe wegen der oben genannten Unsicherheitsfaktoren nicht.

4) Kein hinreichender Beleg für die Annahme von Marktbeherrschung auf dem Erstabsatzmarkt

Das Amt setzt sich mit zahlreichen strommarkt-spezifischen Aspekten, die für die Eignung des RSI als Kriterium für Marktmacht und Marktbeherrschung eine große Rolle spielen, nicht auseinander. Aufgrund der aufgezeigten Defizite ist er nicht geeignet, eine tatsächliche Vermutung hinsichtlich Marktmacht/Marktbeherrschung zu begründen. Bereits aus diesem Grund ist die Aussage des Amtes, RWE, E.ON, Vattenfall hätten in den Jahren 2007 und 2008, EnBW jedenfalls

---

344 So nunmehr auch *Monopolkommission*, 59. Sondergutachten, Energie 2011: Wettbewerb mit Licht und Schatten, S. 177.

345 Entweder unter Beibehaltung der Stufen oder geglättet.

2007, auf dem Erstabsatzmarkt jeweils eine individuell marktbeherrschende Stellung inne gehabt[346], nicht haltbar.

V. Ergebnis und Ausblick

1) Mehrfache Einzelmarktbeherrschung und Stufenkonzept des Amtes im Lichte der Rechtsprechung

Das Stufenkonzept des BKartA stellt kein mit der Rechtsprechung vereinbares Konzept im Rahmen des Art. 102 AEUV dar. Zum einen überschätzt es die Aussagekraft des verwendeten Marktmachtindikators (RSI-Wert). Zum anderen verkennen Auslegung und Anwendung des Kriteriums „erheblicher Zeitraum" die ihm von der Rechtsprechung zugemessene Funktion.

Es wurde gezeigt, dass der RSI als Indikator mit der notwendigen Folge näherer Untersuchung nicht von vornherein abzulehnen, jedoch aufgrund zahlreicher Schwachpunkte als Nachweis individueller Marktmacht/Marktbeherrschung höchst fragwürdig ist. Sofern er künftig als ein weiteres zusätzliches Marktmachtkriterium im Rahmen der Beherrschungsprüfung angewendet werden soll, bedarf es wesentlicher Korrekturen, die eine realitätsnähere Betrachtung erlauben.

2) RSI und Marktanteilsbetrachtung: zwei zum Teil gegenläufige Marktmachtindikatoren

Für die Frage, ob der RSI künftig als (zusätzliches) Marktmachtkriterium Anwendung finden sollte, ist jedoch auch zu beachten, dass Marktanteilsbetrachtung und RSI-Betrachtung zu zum Teil entgegengesetzten Wertungen führen können.

Zu denken gibt bereits, dass das RSI-Konzept den größten Anbietern immer kritischere Werte als den kleineren zuweist und „Unverzichtbarkeit" immer herauskommt, wenn ein Anbieter über dem Gesamtkapazitätsüberschuss liegt. Ein Gedankenexperiment führt zu weiteren Erkenntnissen über die Aussagekraft. Wenn dieser unverzichtbare größte Anbieter einen Teil seiner Kapazitäten stilllegt und so seinen Marktanteil verringert, bleiben seine RSI-Werte gleich. Allerdings fallen die RSI-Werte aller anderen Anbieter, werden also kritischer. Legt dieser größte Anbieter seine Anlagen bis auf eine kleine Restkapazität still, bleibt

---

346 Bericht S. 114; mit Verweis hierauf wiederholt in BKartA Beschl. v. 8.12.2011, Az. B8-94/11, Tz. 56 „RWE/Stadtwerke Unna".

er unverzichtbar und die übrigen Anbieter werden ebenfalls unverzichtbar. Oder umgekehrt: Wenn ein Unternehmen seine Kapazität ausbaut, bleibt sein RSI-Wert gleich und die RSI-Werte der übrigen Unternehmen nehmen zu, verbessern sich also. Diese Zusammenhänge verdeutlicht das folgende Zahlenbeispiel, bei welchem von einer gleichbleibenden Nachfrage von 1.000 MW ausgegangen wird. Im Übrigen sieht die Ausgangssituation so aus: Die Gesamterzeugungskapazität beträgt 1.200 MW, die drei größten Erzeuger verfügen über 216 MW (Unternehmen A), 168 MW (B) und 120 MW (C). Ihre kapazitätsbezogenen Marktanteile betragen 18 % (A), 14 % (B) und 10 % (C), die RSI-Werte 0,984, 1,032 und 1,080. Bei einem Kapazitätsabbau des größten Erzeugers (A) von 216 auf 96 MW beträgt die Gesamterzeugungskapazität 1.080 MW, die neuen Marktanteile betragen 8,9 % (A), 15,6 % (B) und 11,1 % (C), die RSI-Werte 0,984, 0,912 und 0,960. Bei einem Kapazitätszubau des Größten von 216 auf 296 MW beträgt die Gesamtkapazität 1.280 MW, die neuen Marktanteile betragen 23,1 % (A), 13,1 % (B) und 9,4 % (C) die RSI-Werte 0,984, 1,112 und 1,160.

Die Ambivalenz von Marktanteilsbetrachtung und RSI-Betrachtung zeigt sich exemplarisch auch an den Ausführungen des Amtes im Bericht vor dem Hintergrund der im Zeitpunkt des Erscheinens des Berichts gerade verlängerten Kernenergienutzung auf der einen Seite und den Folgen des am 6. August 2011 in Kraft getretenen Dreizehnten Gesetzes zur Änderung des Atomgesetzes für die RSI-Werte der vier betroffenen Unternehmen auf der anderen Seite. Im Bericht führt das Amt noch aus, dass die Verlängerung der Kernenergienutzung zu einer Verfestigung der Marktmachtposition der vier Unternehmen führen wird. Mit dem Dreizehnten Gesetz zur Änderung des Atomgesetzes sind bisher 8.422 MW endgültig stillgelegt. Weitere 12.068 MW folgen bis Ende 2022. Die Marktanteile der genannten vier Unternehmen nehmen ab.[347] Aus den bereits beschriebenen Gründen nehmen deren RSI-Werte ab, was ihnen eine vergrößerte Marktmacht zuschreiben soll. Somit zeigen Marktanteils- und RSI-Betrachtung in der Tendenz gegenläufige Wertungen. Allerdings sinken auch die RSI-Werte der übrigen Erzeuger; das gilt bis zur Inbetriebnahme von Ersatzkapazitäten.

Bereits deshalb erscheint zweifelhaft, ob der RSI als Marktbeherrschungsnachweis gerichtlich anerkannt werden wird.

---

347 BKartA, Beschl. v. 8.12.2011, Az. B8-94/11, Tz. 46 „*RWE/Stadtwerke Unna*" erkennt diese dekonzentrative Wirkung mit Blick auf die Kapazitäten an.

3) Praktische Probleme in der Anwendung des RSI durch die betroffenen Marktteilnehmer sowie die Kartellbehörden

Der RSI als „Hilfsmittel" zur Ermittlung von Marktmacht ist ein sehr aufwendiges Instrument. Unvollständiges Datenmaterial i. S. einer unvollständigen Marktabdeckung kann hier – noch gravierender als bei der bisherigen an Marktanteilen orientierten Sichtweise – zu fehlerhaften Schlussfolgerungen führen. Dies zeigt sich exemplarisch an der Unzulänglichkeit der konkreten, dem Marktbeherrschungsbefund des Amtes zugrundeliegenden RSI-Berechnung. Das praktische Problem des Amtes bestand darin, dass es zwar aufgrund der im Rahmen der Sektoruntersuchung gewonnenen Erkenntnisse zu dem Ergebnis gelangte, dass zukünftig in räumlicher Hinsicht von einem gemeinsamen Stromerstabsatzmarkt Deutschland und Österreich auszugehen ist.[348] Mangels Datenerhebung für Österreich hat es einen Teil des räumlich relevanten Marktes bei den RSI-Berechnungen aber ausblenden müssen.[349] Allerdings – so das Amt – habe eine erste Abschätzung ergeben, dass sich „für die Frage der Normadresseneigenschaft keine im Ergebnis signifikanten Unterschiede" hierdurch ergeben. Das leitet es aus Erhöhungen der RSI-Werte um nur 0,01 bis 0,04 ab, allerdings „auf Basis von Jahresdurchschnittswerten".[350] Die zugrunde gelegten Zahlenwerte werden nicht genannt.[351] Da das Amt bei der Frage der Normadresseneigenschaft auf den Anteil der einzeln ermittelten Stunden mit RSI < 1,0 abstellt, erlaubt die angegebene (geringe) Verbesserung jahresmittlerer RSI-Werte keinen Schluss auf die Verringerung der Zahl der tatsächlich kritischen Stunden. Öffentlich zugängliche Daten der österreichischen Stromversorgung deuten darauf hin, dass die Einbeziehung der dortigen Kraftwerkskapazitäten zu einer erheblichen Veränderung der RSI-Werte führen würde. Die Netto-Engpassleistung der dortigen Kraftwerke betrug 2008 rd. 20,2 GW[352], die Netzlast in Österreich bewegte sich 2008 zwischen maximal 9.564 MW (26.11.08, 17:30-17:45 h) und minimal 3.844,4 MW (17.08.08, 04:00-04:15 h).[353] Diese Zahlen ergeben auch mit einem Abschlag für nicht verfügbare Kraftwerksleistung usw. einen so beträchtlichen Kapazitätsüberschuss,

---

348 BKartA, Bericht S. 75 ff.
349 BKartA, Beschl. v. 8.12.2011, Az. B8-94/11, Tz. 57 *„RWE/Stadtwerke Unna"* weist explizit auf dieses Problem und die daran geäußerte Kritik hin.
350 BKartA, Bericht S. 111 f.
351 Auf S. 111 des Berichts heißt es hierzu lediglich: „Dabei wurde die Größe des österreichischen im Vergleich zum deutschen Markt anhand des Stromverbrauches bestimmt."
352 http://www.e-control.at/portal/page/portal/medienbibliothek/statistik/dokumente/pdfs/e-control-statistikbericht-2009.pdf, S. 25.
353 http://www.e-control.at/portal/page/portal/medienbibliothek/statistik/dokumente/xls/strom/2008/Belastungsablauf_Oeff_2008_CL2.xls.

dass dieser nicht annähernd durch den wegfallenden Anteil Österreichs an der vom BKartA in Ansatz gebrachten Nettoimportleistung von 6.545 MW kompensiert werden dürfte, zumal diesem Anteil Importkapazitäten nach Österreich aus anderen Nachbarländern gegenüberstünden. Stundenweise berechnet dürften die RSI-Werte deutlich günstiger liegen als vom BKartA abgeschätzt. Die Zahl der Stunden mit RSI < 1,0 sänke dann erheblich.

Schließlich ist nochmals darauf hinzuweisen, dass die 5-%-Schwelle des BKartA 438 Stunden je Jahr bedeutet. Eine Erhöhung der Zahl der kritischen Stunden um einige Hundert allein als Folge der beschriebenen Überschätzung des RSI erscheint leicht möglich, insbesondere bei kleineren Erzeugungs-Portfolien, wie auch die zwischen 2007 und 2008 stark schwankenden Werte von EnBW (2007: 14,2 % versus 2008: 1,6 %) und Vattenfall (2007: 27,7 % versus 2008: 7,2 %.) zeigen.[354]

Der RSI lässt sich lediglich *nachträglich* und auch nur von einer Stelle (Behörde), die über die Gesamtdaten verfügt, berechnen. Dies mag aus kartellbehördlicher Sicht im Rahmen der Verhaltenskontrolle noch hinnehmbar sein. Das einzelne Unternehmen kann jedoch seine Marktmacht nicht bestimmen, insbesondere nicht, in welchen oder wie vielen Stunden sein RSI unter 1,0 liegt. Den Anbietern fehlt sogar auf einige ihre RSI-Werte maßgeblich mitbestimmende Faktoren jeglicher Einfluss, s. unten C.V.4). Sie müssten ihr Verhalten an der bloßen Möglichkeit der Marktmacht ausrichten, zumal der RSI in der Nähe der 5-%-Schwelle offenbar empfindlich reagiert[355], „da die Verteilungsfunktion des RSI für alle vier Unternehmen im Bereich von 1,0 bis 1,1 sehr steil verläuft".[356] Letzteres weckt auch erhebliche Zweifel, ob bzw. inwieweit der RSI überhaupt – unabhängig von der Frage der Realisierbarkeit derartiger aufwendiger Untersuchungen innerhalb der gesetzlichen Fristen[357] – ein brauchbares Marktmachtkriterium im Rahmen der Fusionskontrolle, welche eine Prognose hinsichtlich der Entstehung oder Verstärkung einer marktbeherrschenden Stellung erfordert, sein kann.

4) Einfluss der EEG-Einspeisungen auf die RSI-Werte

Das Amt ging in seinem Bericht noch davon aus – entsprechend der bei der sachlichen Marktabgrenzung vorgenommenen Ausgrenzung der EEG-Mengen –, die von den konventionellen Stromproduzenten unbeeinflussbar auf die Wettbewerbssituation einwirkenden EEG-Einspeisungen aus der RSI-Berechnung eli-

---

354 BKartA, Bericht S. 105, Tabelle 14.
355 Vgl. BKartA, Bericht Tabelle 14, Werte 2007 und 2008 für EnBW und Vattenfall.
356 BKartA, Bericht S. 105.
357 Vgl. hierzu BKartA, Beschl. v. 8.12.2011, Az. B8-94/11, Tz. 59 „*RWE/Stadtwerke Unna*".

miniert zu haben. Insoweit führt es aus: „EEG-Strom wurde aus der Betrachtung herausgenommen. Durch die Nicht-Berücksichtigung von EEG-Strom verringert sich die Gesamtkapazität in gleichem Umfang wie die Stromnachfrage. Dahinter steckt die Annahme, dass die Produktion von EEG-Strom immer mit maximal verfügbarer Kapazität erfolgt. Aufgrund der fixen Einspeisevergütung, die immer über den Grenzkosten eines EEG-Kraftwerkes liegen, gibt es keinen Grund, ein EEG-Kraftwerk nicht so weit als technisch möglich zu nutzen. Die pro Zeiteinheit eingespeiste Menge entspricht daher immer der Kapazität. Zudem sieht die Beschlussabteilung die Erzeugung von EEG-Strom als sachlich eigenständigen Markt an."[358] Insoweit geht das Amt in seinem Bericht von einer Art Gleichlauf zwischen Marktabgrenzung und dem als Marktmachtindikator angewandten RSI aus.

Das Amt diskutiert scheinbar (in einer Fußnote[359]) den Unterschied „mit und ohne Berücksichtigung von EEG-Strom" für den RSI. Tatsächlich erörtert das Amt aber nur den mathematischen Unterschied, der entsteht, wenn in der RSI-Formel im Zähler wie im Nenner die EEG-Einspeisung hinzugefügt wird. Es kommt dort zu dem richtigen Schluß, dass bei RSI = 1 kein Unterschied besteht.[360] Anders als noch im Bericht angenommen, berechnet indes keine der beiden Alternativen den RSI ohne Einfluss der EEG-Einspeisung. Die Einbeziehung der EEG-Mengen lässt sich aus berechnungsmethodischen Gründen beim RSI nicht vermeiden.

Für die RSI-Formel berücksichtigt die Behörde im Zähler nur die gegebenen Erzeugungskapazitäten „K" ohne EEG-Einspeisung „E" und im Nenner nur die um die jeweilige EEG-Einspeisung verminderte Nachfrage[361] (Residualnachfrage), welche gleich der Netzeinspeisung der konventionellen Kraftwerke „G" ist.

$$RSI_i = \frac{\sum K - K_i}{\sum G}$$

Dem Verbrauch „V" der jeweiligen Stunde entspricht die Summe von Netzeinspeisung der konventionellen Kraftwerke (G) und EEG-Einspeisung (E). Daraus folgt, dass bei gegebenem Stromverbrauch V mit zunehmender EEG-Einspeisung E der Nenner G schrumpft.[362] Da der Zähler gleichbleibt, *steigt der RSI-Wert*

---

358 BKartA, Bericht S. 103, sprachliche Fehler im Bericht selbst.
359 Fn. 144 auf S. 103 des Berichts.
360 Zahlenbeispiel: 4/4 (ohne EEG-Leistung) ist ebenso wie 5/5 (mit EEG-Leistung) gleich 1.
361 BKartA, Bericht, S. 100: „Die Gesamtnachfrage entspricht der Einspeisung aller erfassten Kraftwerksblöcke ins deutsche Stromnetz inklusive Nettoimporten, exklusive EEG-Strom sowie exklusive Regel- und Reserveenergie."
362 Genau diesen Rückgang des Nenners infolge EEG-Einspeisungen erwähnt das BKartA ziemlich versteckt in Fn. 146 auf S. 104 des Berichts: „Teilweise ist dieser Nachfragerückgang auf

mit wachsender EEG-Einspeisung. Der gleiche Befund gilt aber auch für die Alternative mit Addition der EEG-Einspeisung im Zähler wie im Nenner.

$$RSI_i = \frac{\sum K - K_i + E}{\sum G + E} = \frac{\sum K - K_i + E}{V}$$

Dann bleibt der Nenner V gleich, während der Zähler mit wachsender EEG-Einspeisung E wächst und damit auch der RSI-Wert.

Da die RSI-Werte für jede Stunde des Jahres immer unter Einschluss der jeweiligen EEG-Erzeugung berechnet werden, hängen die RSI-Werte auch unmittelbar und zunehmend vom Wetter ab, das die Erzeugung aus Wind und Sonne beeinflusst. Diese Einspeisungen werden zukünftig weiter ansteigen und – da vom Bestand der weit überwiegende Teil auf konzernunabhängige Betreiber entfällt – damit die RSI-Werte der konventionellen Erzeuger, weil die EEG-Anlagen einen immer größeren Anteil der in den nächsten Jahren voraussichtlich (nahezu) unveränderten Verbraucherlast decken.

Diesen berechnungsmethodisch unvermeidbaren Einfluss der EEG-Strommengen auf die RSI-Werte hat auch das BKartA – ausweislich der entsprechenden Ausführungen in der „RWE/Stadtwerke Unna"-Entscheidung – mittlerweile erkannt, in dem es ausführt: „Durch die Erhöhung der Einspeisung Erneuerbarer Energien wird die Anzahl der Stunden, in denen Stromerzeuger aufgrund von Knappheiten pivotal sind, sinken."[363] Als Reaktion auf die Kritik an seiner Marktabgrenzung[364] will das Amt nunmehr den Einfluss der EEG-Einspeisungen bei der Beurteilung der Marktbeherrschung berücksichtigen.[365]

Der berechnungsmethodisch unvermeidbare Einfluss der EEG-Strommengen auf die RSI-Werte vermag jedoch die auch insoweit fehlerhafte Marktabgrenzung (vgl. B.VI.2)) nicht zu heilen. Zwar ist sicherlich richtig, dass die Abgrenzung des relevanten Marktes für sich betrachtet noch keine abschließende Aussage über die tatsächlichen Wettbewerbsbedingungen zulässt. Demgemäß wird auch nicht bestritten, dass die disziplinierende Wirkung entfernter Substitutionsprodukte im Rahmen der Gesamtbetrachtung bei der Beherrschungsprüfung ebenso Be-

---

den Ausbau von EEG-Kapazitäten zurückzuführen. Da diese stets voll ausgelastet sind, sinkt durch den Ausbau von EEG-Kapazitäten die durch konventionelle Erzeuger zu befriedigende Restnachfrage."

363 BKartA, Beschl. v. 8.12.2011, Az. B8-94/11, Tz. 58 „*RWE/Stadtwerke Unna*".

364 *Säcker*, Marktabgrenzung, Marktbeherrschung; Markttransparenz und Machtmissbrauch auf den Großhandelsmärkten für Elektrizität, S. 45 ff. Zur eingeschränkten Berücksichtigung potentiellen Wettbewerbs im Rahmen des Missbrauchsverbots s. *Möschel*, in Immenga/Mestmäcker, Art. 82 EGV, Rn. 74.

365 BKartA, Beschl. v. 8.12.2011, Az. B8-94/11, Tz. 47 „*RWE/Stadtwerke Unna*".

rücksichtigung finden kann wie diejenige potentiellen Wettbewerbs.[366] Jedenfalls bei Zugrundelegung der bisherigen deutschen wie auch europäischen Rechtsprechung bedeutet dies jedoch nicht, dass bezüglich der aus Sicht der Abnehmer problemlos austauschbaren Produkte eine Art Wahlrecht besteht, ob die von diesen ausgehenden wettbewerblichen Wirkungen im Rahmen der Marktabgrenzung oder erst im Rahmen der Beherrschungsprüfung berücksichtigt werden.[367] Ein solches Wahlrecht käme nur dann in Betracht, wenn beide Methoden zur selben wettbewerblichen Beurteilung führen würden. Dies ist jedoch, wie auch die „RWE-Stadtwerke Unna"-Entscheidung zeigt, letztlich nicht der Fall.

Bei aus Sicht der Abnehmer identischen Produkten (EEG-Strom und konventionell produziertem Strom) erscheint es fehlerhaft, eines der Produkte (den EEG-Strom) bei der Marktabgrenzung auszugrenzen und stattdessen erst bei der Beherrschungsprüfung zu berücksichtigen. Ein solches Vorgehen verfälscht die Marktanteile, d. h. die Anteile des betroffenen Unternehmens auf dem als relevant erkannten Markt[368] und beeinflusst somit die wettbewerbliche Beurteilung auf der Grundlage der von der Rechtsprechung als gewichtig angesehenen Marktanteile. Ein Wahlrecht käme demgemäß nur dann in Betracht, wenn die auf Marktanteilen fußende Beurteilung der Marktbeherrschung proportional zu den festgestellten wettbewerblichen Wirkungen des identischen Produkts korrigiert würde. Andernfalls hinge die Berücksichtigung bzw. Nichtberücksichtigung wesentlicher Wettbewerbskräfte – bei identischer Marktabgrenzung – von dem gewählten Marktmachtindikator – RSI oder Marktanteil – ab.

Ein solcher „Korrekturfaktor", abgesehen von der offenen Frage seiner Berechnung, ist der Rechtsprechung jedoch fremd. Die „RWE/Stadtwerke Unna"-Entscheidung zeigt die Problematik. Die festgestellten wettbewerblichen Wirkungen des EEG-Stromes[369] sollen danach nicht im Rahmen der Marktabgrenzung, sondern allein bei der Beurteilung der Marktbeherrschung zu berücksichtigen sein. Im Rahmen der herkömmlichen, u. a. auf Marktanteilen basierenden Prüfung der Beherrschung des Erstabsatzmarktes[370] bleiben die wettbewerblichen

---

366 Auf diese Umstände weist *Säcker*, Marktabgrenzung, Marktbeherrschung; Markttransparenz und Machtmissbrauch auf den Großhandelsmärkten für Elektrizität, S. 41 f., hin.

367 A. A. wohl *Säcker*, Marktabgrenzung, Marktbeherrschung; Markttransparenz und Machtmissbrauch auf den Großhandelsmärkten für Elektrizität, S. 42: „Um eine aussagekräftige wettbewerbsrechtliche Entscheidung über die Marktbeherrschung zu treffen, sind die tatsächlichen Wettbewerbskräfte in ihrer Gesamtheit darzustellen. Je mehr Wettbewerbskräfte bei der Marktabgrenzung ausgeblendet worden sind, desto geringer ist die Aussage der ermittelten Marktanteile und umso mehr sind die Einwirkungen von außerhalb des derart abgegrenzten Marktes bei der Prüfung der Marktbeherrschung zu berücksichtigen."

368 Vgl. zur europäischen Entscheidungspraxis C.II.1).

369 BKartA, Beschl. v. 8.12.2011, Az. B8-94/11, Tz. 47 „*RWE/Stadtwerke Unna*".

370 BKartA, Beschl. v. 8.12.2011, Az. B8-94/11, Tz. 48 ff. (gemeinsame Marktbeherrschung) „*RWE/Stadtwerke Unna*".

Auswirkungen der EEG-Strommengen auf die konventionelle Erzeugung jedoch unerwähnt und finden mithin – entgegen der vom Amt erkannten Notwendigkeit[371] – tatsächlich keine Berücksichtung.

5) Unvereinbarkeit von individueller und gemeinsamer Marktbeherrschung

Schließlich ist auch die vom Amt angenommene prinzipielle Vereinbarkeit von individueller Marktbeherrschung und Annahme einer gemeinsamen Marktbeherrschung von RWE und E.ON[372] abzulehnen. Zur gleichen Zeit auf demselben sachlich und räumlich relevanten Markt gibt es nur zwei einander ausschließende Möglichkeiten: Entweder ist ein Unternehmen oder es sind mehrere Unternehmen i. S. d. kollektiven Marktbeherrschung, deren Voraussetzungen dann aber auch vorliegen müssen, marktbeherrschend. Denn die gegenseitige Rücksichtnahme innerhalb eines Oligopols schließt aus, dass ein Oligopolmitglied den für die Einzelmarktbeherrschung erforderlichen Verhaltensspielraum gegenüber den anderen Mitgliedern hat.[373] Auch dies zeigt, dass sich das Amt entscheiden muss, ob es weiterhin ein Duopol zwischen RWE und E.ON annehmen oder versuchen will, der neuen Rechtsfigur der individuellen Marktbeherrschung mehrerer Unternehmen auch vor den Gerichten Geltung zu verschaffen, nachdem es zum Ergebnis individueller Marktbeherrschung für die beiden Unternehmen gelangt ist.

6) Schlussbemerkung

Es wäre wünschenswert, wenn Bundeskartellamt, Gerichte und Wissenschaft bald Gelegenheiten fänden, zu den gravierenden rechtlichen und konzeptionellen Schwächen der vom Amt angenommenen Einzelmarktbeherrschung durch mehrere Unternehmen Stellung zu nehmen.

---

371 BKartA, Beschl. v. 8.12.2011, Az. B8-94/11, Tz. 47 *„RWE/Stadtwerke Unna“*.
372 BKartA, Bericht S. 114; BKartA, Beschl. v. 8.12.2011, Az. B8-94/11, Tz. 48 ff. *„RWE/Stadtwerke Unna“*.
373 *Paschke*, in FK, § 19 GWB, Rn. 442; BGH, Beschl. v 12.2.1980, Az. KVR 3/79, Tz. 26 *„Valium II“*.

Abkürzungsverzeichnis

€	Euro
a. A.	anderer Ansicht
a.a.O.	am angegebenen Ort
Abb.	Abbildung
AEUV	Vertrag über die Arbeitsweise der Europäischen Union
Art.	Artikel
Aufl.	Auflage
AusglMechAV	Verordnung zur Ausführung der Verordnung zur Weiterentwicklung des bundesweiten Ausgleichsmechanismus
AusglMechV	Verordnung zur Weiterentwicklung des bundesweiten Ausgleichsmechanismus
Az.	Aktenzeichen
BA	British Airways
Beschl.	Beschluss
BGB	Bürgerliches Gesetzbuch
BGH	Bundesgerichtshof
BKartA	Bundeskartellamt
bzgl.	bezüglich
CAISO	California Independent System Operator
E.ON	E.ON AG
EEG	Gesetz zur Förderung erneuerbarer Energien
EEX	European Energy Exchange (Strombörse)
EFET	European Federation of Energy Traders
EG(V)	Vertrag zur Gründung der Europäischen Gemeinschaft
EnBW	Energie Baden-Württemberg AG
Entsch.	Entscheidung
EnWG	Energiewirtschaftsgesetz
EuG	Gericht der Europäischen Union
EuGH	Europäischer Gerichtshof
FERC	Federal Energy Regulatory Commission (U.S.)
Fn.	Fußnote
FS	Festschrift
GD	Generaldirektion (EU)
GW	Gigawatt (1.000 Megawatt)
GWB	Gesetz gegen Wettbewerbsbeschränkungen
h	Stunde
Hrsg.	Herausgeber
i. S.	im Sinne

i. S. d.	im Sinne des/der
i. S. v.	im Sinne von
i. V. m.	in Verbindung mit
ICE	Intercity-Express
insb.	insbesondere
Kap.	Kapitel
kV	Kilovolt (1.000 Volt)
MW	Megawatt (1.000 Kilowatt), elektrische Leistung
MWh	Megawattstunde (1.000 Kilowattstunden), elektrische Arbeit (Energiemenge)
OLG	Oberlandesgericht
OTC	Over the counter (außerbörslicher Handel)
PSI	Pivotal Supplier Index
Rn.	Randnummer
Rs.	Rechtssache
RSI	Residual Supply Index
RWE	RWE AG
S.	Seite
s.	siehe
sog.	sogenannte
st. Rspr.	ständige Rechtsprechung
StromNZV	Stromnetzzugangsverordnung
TWh	Terawattstunde (1 Mrd. Kilowattstunden), elektrische Arbeit (Energiemenge)
Tz.	Textziffer
ÜNB	Übertragungsnetzbetreiber
Urt.	Urteil
UStG	Umsatzsteuergesetz
Verf.	Verfasser
vgl.	vergleiche
VV I	Verbändevereinbarung über Kriterien zur Bestimmung von Durchleitungsentgelten vom 22.5.1998
VV II	Verbändevereinbarung über Kriterien zur Bestimmung von Netznutzungsentgelten für elektrische Energie vom 13.12.1999
VV II plus	Verbändevereinbarung über Kriterien zur Bestimmung von Netznutzungsentgelten für elektrische Energie und über Prinzipien der Netznutzung vom 13.12.2001
z. T.	zum Teil

Literaturverzeichnis

BKartA, Die Strommärkte in Deutschland 2003 und 2004, Erhebung des Bundeskartellamts im Zusammenhang mit dem Beschwerdeverfahren E.ON Mitte / Stadtwerke Eschwege (B8-21/03 - B), ZNER 2008, S. 345-356

BKartA, Bericht gemäß § 32e Abs. 3 GWB, „Sektoruntersuchung Stromerzeugung/Stromgroßhandel", Januar 2011 (aufrufbar unter http://www.bundeskartellamt.de/wDeutsch/download/pdf/Stellungnahmen/110113_Bericht_SU_Strom__2_.pdf)

Burmeister, Thomas, Netznutzung und Bilanzkreissystem, in: Horstmann, C.-P. / Cieslarczyk, M., Energiehandel, Ein Praxisbuch, 2006

California Independent System Operator, Report on California Energy Market – Issues and Performance: May-June 2000, Special Report, Prepared by the Department of Market Analysis California Independent System Operator, August 10, 2000 (aufrufbar unter: http://www.caiso.com/docs/09003a6080/07/40/09003a6080074029.pdf)

Deselaers, Wolfgang, Willenserklärung als „essential facility", WuW 2008, 179-183

Ensthaler, Jürgen / Kempel, Leonie, Marktbeherrschung durch Beeinträchtigung des Wettbewerbs oder umgekehrt? WRP 2010, 1109-1113

Frankfurter Kommentar zum Kartellrecht, Jaeger, Wolfgang / Pohlmann, Petra / Schroeder, Dirk (Hrsg.), 76. EL, Stand März 2012
Zitiert: *Bearbeiter,* in FK

Fried, Jörg, Rechtliche Bewältigung des OTC-Handels, in: Schwintowski, H.-P. (Hrsg.), Handbuch Energiehandel, 2. Aufl., 2010, S. 153-336

Gleave, Sandro, Die Marktabgrenzung in der Elektrizitätswirtschaft, ZfE 2008, S. 120-126

Von der Groeben, Hans / Schwarze, Jürgen (Hrsg.), Kommentar zum Vertrag über die Europäische Union und Vertrag zur Gründung der Europäischen Gemeinschaft, Bd. 2, 6. Aufl., 2003
Zitiert: *Bearbeiter,* Groeben/Schwarze

Grabitz, Eberhard /Hilf, Meinhard / Nettesheim, Martin (Hrsg.), Das Recht der Europäischen Union, Kommentar, Bd. 2, 46. EL, Stand Oktober 2011
Zitiert: *Bearbeiter,* in Grabitz/Hilf/Nettesheim

Hirsch, Günther / Montag, Frank / Säcker, Franz Jürgen (Hrsg.), Münchener Kommentar zum Europäischen und Deutschen Wettbewerbsrecht (Kartellrecht), Bd. 1, 2007
Zitiert: MünchKomEU WettbR/*Bearbeiter*

Immenga, Ulrich / Mestmäcker, Ernst-Joachim (Hrsg.), Wettbewerbsrecht, GWB, Kommentar zum Deutschen Kartellrecht, 4. Aufl., 2007
Zitiert: *Bearbeiter*, in Immenga/Mestmäcker, §

Immenga, Ulrich / Mestmäcker, Ernst-Joachim (Hrsg.), Wettbewerbsrecht EG, Bd. 1, Kommentar zum Europäischen Kartellrecht, 4. Aufl., 2007
Zitiert: *Bearbeiter*, in Immenga/Mestmäcker, Art.

Kommission, Mitteilung - Erläuterung zu den Prioritäten der Kommission bei der Anwendung von Art. 82 des EG-Vertrags auf Fälle von Behinderungsmissbrauch durch marktbeherrschende Unternehmen, ABl. C. 45/07 v. 24.2.2009, Zitiert: Kommission, Prioritätenpapier zu Art. 82

Lang, Christoph, Marktmacht und Marktmachtmessung im deutschen Großhandelsmarkt für Strom, 2007

Langen/Bunte (Hrsg.), Kommentar zum deutschen und europäischen Kartellrecht, Bd. 2, Europäisches Kartellrecht, 11. Aufl., Köln 2010

London Economics, Structure and Performance of Six European Wholesale Electricity Marktes in 2003, 2004 and 2005, Februar 2007 (aufrufbar unter: http:// londecon.co.ik/le/publications/recent-reports.shtml)

Metzenthin, Andreas, Die Irrwege von Eschwege – Anmerkungen zu Erstabsatzmarkt und Oligopolmarktbeherrschung im Energiekartellrecht, in Baur, J. F. / Sandrock, O. / Scholtka, B. / Shapira, A. (Hrsg.), Festschrift für Gunther Kühne zum 70. Geburtstag, 2009, S. 207-230

Monopolkommission, Sondergutachten 54, Strom und Gas 2009 – Energiemärkte im Spannungsfeld von Politik und Wettbewerb, 2009 (aufrufbar unter: http:// www.monopolkommission.de/sg_54/s54_volltext.pdf)

Monopolkommission, 59. Sondergutachten, Energie 2011: Wettbewerb mit Licht und Schatten, 2011 (aufrufbar unter: http://www.monopolkommission.de/ sg_59/s59_volltext.pdf)

Palandt, Bürgerliches Gesetzbuch, Kommentar, 70. Aufl., München 2011

Säcker, Franz Jürgen, Marktabgrenzung, Marktbeherrschung und Markttransparenz auf dem Stromgroßhandelsmarkt, ET 2011, 74-87

Säcker, Franz Jürgen, Marktabgrenzung, Marktbeherrschung; Markttransparenz und Machtmissbrauch auf den Großhandelsmärkten für Elektrizität, 2011

Säcker, Franz Jürgen (Hrsg.), Berliner Kommentar zum Energierecht, Bd. 1, 2. Aufl., 2010

Sheffrin, Anjali, Critical Actions Necessary for Effective Market Monitoring, Draft, FERC RTO Workshop, 19.10.2001 (aufrufbar unter: http://www.caiso.com/docs/2001/12/03/2001120317295516981.pdf)

Sheffrin, Anjali, California Electricity Market Crisis: Viewpoint of the System Operator, IEEE 2001 Summer Power Meeting, 16.7.2001 (aufrufbar unter: http://users.ece.utexas.edu/~baldick/panels/Sheffrin.pdf)

Sheffrin, Anjali, Predicting Market Power Using the Residual Supply Index, presented to FERC Market Monitoring Workshop 3./4.12.2002, (aufrufbar unter: http://www.caiso.com/docs/2002/12/05/2002120508555221628.pdf)

Stuhlmacher, Gerd / Draxler, Katharina / Sessel-Zsebik, Zsuzsanna / Horndasch, Karin, Standardhandelsrahmenvertrag für Strom (EFET) und Allowance Appendix, in: Schöne, T. (Hrsg.), Vertragshandbuch Stromwirtschaft, 1. Aufl., 2008, S. 645-826

Tomala, Sebastian / Törk, Ulrich, Sonderverträge für Weiterverteiler, in: Schöne, T. (Hrsg.), Vertragshandbuch Stromwirtschaft, 1. Aufl., 2008, S. 559-644

Veröffentlichungen des Instituts für deutsches und europäisches Wirtschafts-, Wettbewerbs- und Regulierungsrecht der Freien Universität Berlin

Herausgegeben von Franz Jürgen Säcker

Band 1 Franz Jürgen Säcker (Hrsg.): Deutsch-russisches Energie- und Bergrecht im Vergleich. Ergebnisse einer Arbeitstagung vom 31. März / 1. April 2006. 2007.

Band 2 Franz Jürgen Säcker / Walther Busse von Colbe (Hrsg.): Wettbewerbsfördernde Anreizregulierung. Zum Anreizregulierungsbericht der Bundesnetzagentur vom 30. Juni 2006. 2007.

Band 3 Dirk Zschenderlein: Die Gleichbehandlung der Aktionäre bei der Auskunftserteilung in der Aktiengesellschaft. Zum Problem der Zulässigkeit der Weitergabe von Informationen an einzelne Aktionäre und Dritte. 2007.

Band 4 Simone Kirchhain: Die Anwendung der Vertikal-GVO auf innerstaatliche Wettbewerbsbeschränkungen nach der 7. GWB-Novelle. 2007.

Band 5 Franz Jürgen Säcker: Der Independent System Operator. Ein neues institutionelles Design für Netzbetreiber? 2007.

Band 6 Stefanie Otto: Allgemeininteressen im neuen UWG. § 1 S. 2 UWG und die wettbewerbsfunktionale Auslegung. 2007.

Band 7 Jochen Eichler: Vertragliche Dritthaftung. Eine Auseinandersetzung mit der Frage der Dritthaftung von sogenannten Experten und anderen Auskunftspersonen im Rahmen des § 311 Abs. 3 BGB. 2007.

Band 8 Markela Stamati: Die Anforderungen der operationellen Entflechtung nach den Beschleunigungsrichtlinien der Europäischen Kommission. Umsetzung in Deutschland und Griechenland. 2008.

Band 9 Franz Jürgen Säcker: The Concept of the Relevant Product Market. Between Demand-Side Substitutability and Supply-Side - Substitutability in Competition Law. 2008.

Band 10 Renate Rabensdorf: Die Durchgriffshaftung im deutschen und russischen Recht der Kapitalgesellschaften. Eine rechtsvergleichende Untersuchung. 2009.

Band 11 Franz Jürgen Säcker: Der beschleunigte Ausbau der Höchstspannungsnetze als Rechtsproblem. Erläutert am Beispiel der 380-kV-Höchstspannungsleitung Lauchstädt – Redwitz – Grafenrheinfeld mit Querung des Rennsteigs im Naturpark Thüringer Wald. 2009.

Band 12 Helen Mahne: Eigentum an Versorgungsleitungen. 2009.

Band 13 Franz Jürgen Säcker (Hrsg.): Russisches Energierecht - Gesetzessammlung. 2009.

Band 14 Franz Jürgen Säcker / Maik Wolf: Integrierte Energieversorgung in geschlossenen Verteilernetzen. Zum Gestaltungsspielraum des Gesetzgebers zur Neuregelung des § 110 EnWG im Lichte des Dritten EG-Energiepakets. 2009.

Band 15 Franz Jürgen Säcker (Hrsg.): Das Dritte Energiepaket für den Gasbereich. Deutsch-Englische Textausgabe mit einer Einführung. 2009.

Band 16 Franz Jürgen Säcker (Hrsg.): Das Dritte Energiepaket für den Elektrizitätsbereich. Deutsch-Englische Textausgabe mit einer Einführung. 2009.

Band 17 Thomas Dörmer: Die Unternehmenspacht. Rechtsstellung der Vertragsparteien unter besonderer Berücksichtigung der Pflicht des Unternehmenspächters zur ordnungsgemäßen Unternehmensführung sowie der Rechtslage bei Vertragsbeendigung. 2010.

Band 18 Klaas Bosch: Die Kontrolldichte der gerichtlichen Überprüfung von Marktregulierungsentscheidungen der Bundesnetzagentur nach dem Telekommunikationsgesetz. 2010.

Band 19 Geng-Sook Leem: Einheitliche Corporate Governance-Grundsätze für die Europäische Aktiengesellschaft (SE). Eine rechtsvergleichende Untersuchung anhand der Ausgestaltung der SE im deutschen und britischen Recht. 2010.

Band 20 Wiebke Gebhardt: Gentechnik und Koexistenz nach der Gesetzesnovelle von 2008: Zivilrechtliche Haftung im Vergleich Deutschland und USA. 2010.

Band 21 Cathrin Isenberg: Die Geruchsmarke als Gemeinschaftsmarke. Schutzfähigkeit und Einsatzmöglichkeiten. 2010.

Band 22 Franz Jürgen Säcker / Jochen Mohr / Maik Wolf: Konzessionsverträge im System des europäischen und deutschen Wettbewerbsrechts. 2011.

Band 23 Judith Antonia Loeck: Die unzumutbare Belästigung nach der UWG Novelle 2008 und dem Gesetz zur Bekämpfung unerlaubter Telefonwerbung und zur Verbesserung des Verbraucherschutzes bei besonderen Betriebsformen. 2011.

Band 24 Jörg Jaecks: Konzernverrechnungsklauseln und verwandte einseitige Verrechnungsbefugnisse im Mehrpersonenverhältnis. 2011.

Band 25 Franz Jürgen Säcker: Marktabgrenzung, Marktbeherrschung, Markttransparenz und Machtmissbrauch auf den Großhandelsmärkten für Elektrizität. 2011.

Band 26 Susanne Wende: Die einheitliche Auslegung von Beihilfen- und Vergaberecht als Teilgebiete des europäischen Wettbewerbsrechts. 2011.

Band 27 Leonie Kempel: Die Anwendung von Art. 102 AEUV auf geistiges Eigentum und Sacheigentum. Die Voraussetzungen des Kontrahierungszwangs nach Art. 102 AEUV und der Essential-Facility-Doktrin unter besonderer Berücksichtigung der Unterschiede zwischen geistigem Eigentum und Sacheigentum. 2011.

Band 28 Christoph Schuldt: Werbejingles – schützenswerte Kompositionen!? Die urheberrechtliche und markenrechtliche Schutzfähigkeit von Werbejingles vor unbefugter Nachahmung. 2012.

Band 29 Lydia Scholz: Die Rechtfertigung von diskriminierenden umweltpolitischen Steuerungsinstrumenten. Eine Untersuchung der Reichweite der Warenverkehrsfreiheit und ihrer Begrenzung durch den Umweltschutz als Vertragsziel am Beispiel der deutschen Energiefördergesetze EEG und KWKModG. 2012.

Band 30 Franz Jürgen Säcker: Investitionen in Kraftwerke zur Sicherung einer zuverlässigen Elektrizitätsversorgung nach der Energiewende. Rechtliche und ökonomische Rahmenbedingungen. 2012.

Band 31 Florian Leib: Kartellrechtliche Durchsetzungsstrategien in der Europäischen Union, den USA und Deutschland. Eine rechtsvergleichende Darstellung. 2012.

Band 32 Holger Hoch: Marktverschlusseffekte und Effizienzen vertikaler Zusammenschlüsse. Kartellrechtliche Beurteilung nach europäischem und deutschem Recht. 2012.

Band 33 Sebastian Kemper: Gasnetzzugang in Deutschland und in Spanien. 2012.

Band 34 Elena Timofeeva: Unbundling in der russischen Elektrizitätswirtschaft im Vergleich zum deutschen und europäischen Energierecht. 2012.

Band 35 Gisela Drozella / Harald Krebs: Marktbeherrschung im Bereich Stromerzeugung / Stromgroßhandel. Eine kritische Analyse der neueren Sicht des Bundeskartellamts. 2013.

Band 36 Christian Rehm: Die Einzel- und Gesamtverantwortung der Vorstandsmitglieder der Aktiengesellschaft. Die Verantwortung für die Leitung und Geschäftsführung im mehrköpfigen Vorstand in der unabhängigen und der herrschenden AG. 2013.

www.peterlang.de